发酵食物

[美]克里斯蒂娜·鲍姆加特伯　著

朱晓朗　译

科学普及出版社

· 北 京 ·

图书在版编目（CIP）数据

发酵食物 / (美) 克里斯蒂娜·鲍姆加特伯著；朱
晓朗译. -- 北京：科学普及出版社，2024.4
　　书名原文：Fermented Foods:The History and
Science of a Microbiological Wonder
　　ISBN 978-7-110-10689-1

　　Ⅰ.①发… Ⅱ.①克… ②朱… Ⅲ.①发酵－生产工
艺－应用－食品－普及读物 Ⅳ.①TS2-49

中国国家版本馆CIP数据核字(2024)第045096号

著作权合同登记号：01-2024-0381

Fermented Foods: The History and Science of a Microbiological Wonder
by Christine Baumgarthuber was first published by Reaktion Books, London 2021.
Copyright © Christine Baumgarthuber 2021
Simplified Chinese Edition copyright © Wit & Willow Press 2022
Published by China Science and Technology Press Co., Ltd.
All rights reserved.

策划编辑	胡　怡
责任编辑	胡　怡
封面设计	智慧柳
正文设计	金彩恒通　张　珊
责任校对	张晓莉
责任印制	马宇晨

出　　版	科学普及出版社
发　　行	中国科学技术出版社有限公司发行部
地　　址	北京市海淀区中关村南大街16号
邮　　编	100081
发行电话	010-62173865
传　　真	010-62173081
网　　址	http://www.cspbooks.com.cn

开　　本	880mm×1230mm　1/32
字　　数	139千字
印　　张	6.25
版　　次	2024年4月第1版
印　　次	2024年4月第1次印刷
印　　刷	北京世纪恒宇印刷有限公司
书　　号	ISBN 978-7-110-10689-1 / TS · 157
定　　价	78.00元

目录

绪言
忠实的朋友与势不两立的仇敌：
人与微生物关系的本质和历史 / 1

第一章
玩与笑：
发酵饮料的诞生与演化 / 17

第二章
"伟大的进步"：
发酵饮料的工业化 / 41

第三章
"烤炉崇拜"：
面包及其制作方法 / 65

第四章
时而危险的二元性：
真菌与食物 / 97

第五章

日常生活的奇迹之一：

发酵蔬菜制品的起源、影响与未来 / 117

第六章

微生物的魔力：

奶酪、酸奶与其他发酵乳制品 / 137

第七章

美味又危险：

香肠等发酵肉制品的优点和风险 / 161

第八章

与营养品的不同关系：

发酵食物的现在与未来 / 177

致谢 /191

图片版权声明 / 193

绪言

忠实的朋友与势不两立的仇敌：
人与微生物关系的本质和历史

在对如万花筒一般的生命的凝视中，微生物展现了其引人注目的多样性。

——亚瑟·伊萨克·肯德尔《文明与微生物》

2007年的春天，我收到一个装有酸面团酵头的小信封。这包酵头诞生于俄勒冈小道，是美国早期拓荒者向西推进时期的遗留物。酵头貌不惊人，不禁让我怀疑是不是订购时候搞错了。尽管如此，我还是在上床睡觉前，把它与面粉和泉水混合并放入梅森罐里。不料我醒来时，黏糊糊冒着泡的面糊溢出了操作台。当清理这混乱的场面时，我才意识到这包祖传的酵头可比商店里买的干酵母活跃太多了。

这包酵头不仅"有个性"，而且很"挑剔"。如果我把它长时间放在冰箱里不用，它就会"生气"。在进行无麸质饮食的几个月期间，我强迫它发酵米粉和木薯粉，它就更"生气"了，甚至我在冬天把恒温器的温度调得太低也会让它"发脾气"。春天一到，它随之"振奋"。温暖的天气让它踊跃地消化着我投喂的有机黑麦粉，而后用完美的脆皮法式面包、温润柔韧的夏巴塔（ciabatta）和浑圆致密的酸面团黑麦面包来回报我。

这块酵头的成功经验激励我去尝试其他的发酵制品。我从桑多尔·卡茨（Sandor E.Katz）的《发酵完全指南》一书中寻求指引，我的发酵制品家族，在各个不同的时间，曾有开菲尔（kefir）、康普茶、乳酸发酵的黄瓜、甜菜根和辣椒，以及太阳菌（tibicos，一种流行于墨西哥的发酵饮料）、苹果酒甚至红葡萄酒。

每天晚上，我都要花时间照料我的发酵制品，这使我在这个日益吵闹的世界里感到安定。稳定的工作可能会随着金融市场一同坍塌，但我还可以照顾好我的发酵制品，它们各自自成一体，健康和爱好则是我得到的回报。乔治·奥威尔（George Orwell）认为喝茶是文明的支柱。对我来说，泡茶是为了做另一批康普茶。

我认为自己开始尝试发酵的动机，与其他养鸡、做腌菜或类似的在城市追求"自给自足"的人们并没有多少不同。我试图建立一种更长远的关系，而不仅是当下。长久以来，无论在战争还是和平时期，富足还是食物匮乏时期，人们都会酿造啤酒、制作奶酪、烘焙面包、腌制肉类。直到不久前，发酵的艺术才被视为神秘的，甚至是危险的。

有人劝告我，在家发酵是在浪费时间。还有人告诫我，我很可能会中毒。这些略显轻蔑又不足信的言论，让我不禁要问，为什么自己动手发酵不能像做烤馅饼那样享受自给自足的愉悦呢？我将去寻找答案，而答案是发酵食物历史的重要一章。事实证明，对发酵食物的猜忌怀疑，是一种科学力量与市场力量混合而成的"特殊产物"。这种"产物"如此有影响力，以至于让消费者的偏好发生了转变，用乏味且让人毫无食欲的大规模生产的东西替代了我们可以自己制作的风味更浓郁的东西。发酵食物反映了人类与肉眼不可见却又无处不在的第二生物领域的关系。发酵食物的历史就是我们如何认识到细菌与真菌亦敌亦友的历史。

1922 年 8 月，八名游客在偏远的苏格兰马里湖的一家酒店里去世，这家酒店以其浪漫的风景和出色的管理而闻名。这八个人中没有一个表现出虚弱或生病的状态。8 月 14 日，他们参加了由酒店为他们安排的远足活动。当天早上，他们有人去钓鱼，有人去爬山，之后在附近的马里湖岸边汇合吃午餐，午餐是野鸭酱、火腿与牛舌三明治，还配有果酱、黄油、煮鸡蛋、司康和蛋糕。每个人都在晚餐时及时回到了酒店。

第二天早晨，曾去远足的一位客人"S 先生"开始呕吐。当晚，他就离开了人世。

另一位客人"W 先生"情况也不好。他醒来后头晕目眩，走路时步履蹒跚，抱怨看东西重影。他请来一位医生帮他诊治，感觉好一些后去吃早饭。第二天清晨，他被发现已经瘫痪，当天晚上，他也过世了。

"T 先生"也被重影所困扰。他年仅 22 岁，是最年轻的受害者。虽然一开始他的症状轻微，但是到了8月16日上午，他已经不能说话，下午就去世了。

"D先生"也是在8月15日早晨醒来就头晕目眩且出现了复视。然而他并没有在床上休息，而是选择了去划船。他划了6千米多。其间，他对船夫说起，每出现一条鱼他都会看到两条。第二天，他的状况既无好转也没有恶化，只是复视消失了。再过一天，复视又出现了，讲话也开始含糊不清。这种情况又持续了两天。在8月20日星期日，他陷入瘫痪，第二天中午就去世了。

另外四名客人同样也在经历眩晕、复视与瘫痪后死亡。在场的医生怀疑是食物中毒。但是，是哪种食物呢？因为有两位船夫也中毒了，他们一定在某个时刻与其他受害者（酒店的客人们）一起用餐。一息尚存时，许多受害者提到了远足和户外午餐。嫌疑落在了鸭酱上。

官方调查开始了。酒店的食物被送去做细菌学检查，厨师被审讯。在6月30日，悲剧发生前六个星期，该地最好的制造商之一给酒店送了两打罐装肉。事实上，该制造商在肉类加工的每个阶段都遵守了各项防范措施。工人们将肉整批烹制、装罐，将未封闭的罐子放入蒸煮器中消毒，然后再装入小玻璃容器内二次煮沸。在马里湖酒店事件发生前，按此流程制作的数以百万计的罐头，没有出现一起中毒事件报告。厨师证实，这些罐头运来时完好无损，而且打开时里面的东西看上去和闻起来都没有变质。

罐子中剩余的酱太少，不足以进行全面分析。但幸运的是，调查人员挖掘出另一重要物件：一个被船夫埋在花坛里的三明治。船夫从早些时候的远足野餐中把它省下来留做晚餐。他听说可能是鸭酱导致了近期一系列的人患病，而掩埋三明治是为了保护他的母鸡，如果母鸡们误食了三明治可能会死掉。三明治被及时挖出来，送去分析后，结果显示是被毒素污染了，彻底污染了。

这种可怕的毒素让大家困惑不已，经过多次蒸煮与消毒后它仍然存活，更不用说掩埋了。苏格兰卫生委员会在 8 月 25 日发布的一篇新闻稿中声称，中毒事件笼罩着神秘色彩，但还是请公众保持冷静。调查人员成功从鸭酱里分离出一种微生物，他们将液体培养基注射到两只老鼠身上，两只老鼠都死了，一只同样被注射了的兔子也死了。一位细菌学家指出，兔子和老鼠都出现了肉毒中毒症状。

肉毒杆菌（*Clostridium botulinum*）是一种厌氧、杆状、释放孢子的细菌，能在许多其他细菌无法存活的地方生长。肉毒杆菌分泌一种强效的针对外周神经系统的生物毒素。这种毒素只有在细菌释放其孢子时才出现。然而，这些孢子异常顽强，从花园里的土壤到三文鱼的鳃，能在诸多地方存活，能经受住极寒、高温和辐射的考验。第一位识别出这种肉毒杆菌的人，是比利时细菌学家埃米尔·范·埃门金（Émile van Ermengem）。1895 年，在研究一系列香肠和腌肉相关中毒事件期间，他分离出一种不容易根除的微生物，这种微生物到今天仍然是致命食源性疾病的罪魁祸首。

经司法调查裁定，肉毒杆菌是马里湖中毒事件中唯一的"罪犯"。这恰巧发生在一个几乎所有疾病都归咎于微生物的时代。微生物及其工作方式，无论有益或有害，已经通过卫生运动进入到普通人的认知中。卫生运动的"黄金时代"大约从 19 世纪末

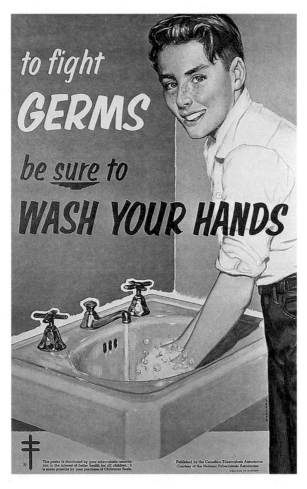

◁
这是 1959 年加拿大肺结核协会为促进个人正确清洁双手而发布的平面广告。19 世纪和 20 世纪科学的进步让人们对微生物在人类疾病中的影响有了更多的了解。不幸的是，人们在这一时期对传统发酵方式也产生了动摇。

持续到 20 世纪 30 年代。这场运动的特点是关注肺结核、伤寒及其他所谓水土污染引起的疾病的传播。随着人们对这些疾病病原体的逐渐了解，卫生运动也随之发展。在此之前，这种认知仅局限于实验室和工厂。普通人很少知道他们喝的啤酒、吃的奶酪，或难吃的肉酱背后的生物过程。食物以一种方式处理可能会带来愉悦与健康，而以另一种方式处理则会引起疾病与死亡，其中的原因人们可能略知一二，这些知识来自日常观察。然而，这些处理方式与其传统风俗深入交织融合，无法解释。

这场公共卫生运动将各种有关微生物及其影响的知识传播出去，并以一种几乎人人都可以理解的形式积淀下来。出版社发行的家政书籍和小册子将"细菌理论"作为新兴科学，带到了各个家庭的厨房，并鼓励家庭主妇以更卫生的方式烹饪。可以肯定，这些都是好的实践。然而，这场运动也成了典型的善意的"暴政"，因为普通的家务活动带有了一些看不见的危险的气氛，用"蝰蛇虽小，却有毒液"这句谚语来形容再合适不过了。

尽管几个世纪以来，自制的泡菜、葡萄酒和白脱牛奶很少出现意外，但现在人们知道微生物潜藏在各处，无形地静待着微小的清洁失误。因为既难以察觉又始终存在，微生物污染的风险引发的不安，足以让家庭主妇们选择那些以前在家自制，现在则由工厂生产、商店备货的食品。

食物发酵的新方法一度与旧方法共存。最先进的现代酿酒厂灌装的啤酒和工厂生产的奶酪，与自制的腌黄瓜和面包一同出现在货架上。但是，随着历史的车轮从19世纪滚动进入20世纪，铁路将新型食品带入了市场，而无线电广播又引发人们对它们的关注。生产它们的大公司设法让公众相信，只有它们是可靠、干净和健康的。效仿英国议会1875年的《食品与药品销售法案》

及 1887 年的《人造黄油法案》，美国国会于 1906 年通过了《纯净食品和药品法案》，也推动了这场颇具说服力的运动。只有资金雄厚的企业才能投资符合新标准要求的设备，从而获得消费者所寻求的政府批准认证。获得该认证的费用变得极其高昂，较小的制造商只能看着他们的客户群萎缩并很快破产。

成功让大企业渴望获得更多，企业更加强调他们只提供健康食品。多米诺制糖公司提出，机器加工生产的食品更清洁，因此比手工制作的食品更安全；金牌面粉公司吹嘘他们的产品没有被任何碾磨工触碰过；而家乐氏公司宣传他们的麦片盒包装可以防污染；亨氏公司则邀请公众进入其工厂的特定区域，观看穿着整洁白制服的女工包装公司的腌菜。

大公司的广告活动由这样的噱头组成，经常从过去的哗众取宠推进到无耻的地步。为了在国内市场占据优势，美国制糖公司发布的广告，把无害但看起来可怕的红糖内的微生物图片放大，作为食用粗糖有危险的证据。这场运动取得了彻底的成功，甚至最畅销的《波士顿烹饪学校教科书》都警告读者远离红糖，因为有"微小的虫子"潜藏其中。

早餐麦片与饼干行业也开始效仿这种行径。厂商声称只有包装好的麦片才能保证没有细菌。一份肉蛋早餐、酵母发酵的面包，都可能会引发疾病。而按最高卫生标准生产的"烤玉米片"，则是目前为止更安全、更健康的选择。对饼干生产商来说，"敌人"是乡村商店的必备配置——饼干桶。这些饼干桶同样是细菌的聚集地，批发来的饼干，被倒入可能并不卫生的桶中，然后又被同样可能并不卫生的手抓出来。纳贝斯克公司则提供了独立包装、外观整洁、似乎没被任何人碰过的饼干作为替代品。

对这些大规模生产的食品来说，外表干净是唯一的追求（许

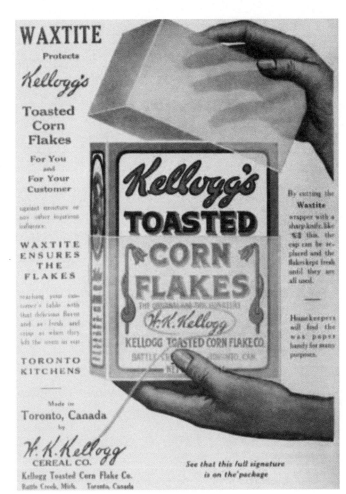

▷

这是一张 20 世纪早期的家乐氏早餐麦片的平面广告宣传单。厂家增加麦片盒包装，是受到了当时微生物学上进步的影响。人们普遍认为，食品的安全性和卫生程度取决于能否将食品与任何可能的污染隔绝。然而，就像工业资本主义中很多事情一样，前面提到的这种安全性和卫生程度，是一种认知而非事实，一种食品工业制造商在消费者中孜孜不倦地培养起来的认知。

多大型食品工厂都会为好奇的参观者搭建理想生产环境的模拟场景，而实际生产则在别的没那么整洁的地方）。除此之外，大规模生产的食品无趣乏味、千篇一律，缺少传统食品的风土特色。"我听说美国人的厨房很糟糕，"沙皇尼古拉二世（Nicholas II）对他的一位臣民说，这位臣民是刚刚访问过美国的歌剧演员，"所有的食物都是大规模生产的，没有独特的口感和风味。"

这一判断同样适用于欧洲的大规模生产食品。英国的曼彻斯特等工业城市里时间紧迫的工人们，放弃了西洋菜、鱼和其他的传统食物，转而买罐装牛肉和小鸟牌蛋奶酱，因为加工食品对仅有几小时空闲的他们来说更方便食用。事实证明，工人们节省下来的时间后来又失去了：他们的预期寿命缩短，而他们中的许多人成了坏血病、蛀牙及其他退行性疾病的受害者。

在瑞士，食品工业先驱朱利亚斯·美极（Julius Maggi）说服家庭主妇们接受他改良过的浓汤宝。尽管浓汤宝缺乏自制高汤的味道与营养，但仍对在外工作的现代女性很有吸引力。浓汤宝大获成功，美极于 1897 年在德国创立了同名公司。便利性完胜味道，工厂不间断的和固定的生产节奏渐渐重塑了人们的生活习惯。花在做饭上的时间，就不能用在工作挣钱上。而且，工业化生产让食品变得更便宜。实业家奥古斯特·科尔泰（Auguste Corthay），也是意大利翁贝托一世（Umberto I）的前厨师，在 19 世纪 80 年代宣称："每天，伟大的工厂都会以极低的价格提供美味、新鲜制作和烹饪的食物。这将是新纪元的开始！"

这是新世纪的开始。卫生运动标志着食品生产与贮存的转折点，无论是更好还是更糟。它教会普通人以简单的方法预防可怕

▷
这是一则 20 世纪早期美极浓汤宝的荷兰语平面广告。广告语上写着："……真正的品牌！"像其他工业食品一样，美极的浓汤宝为疲惫的家庭主妇们节省了做饭的时间，但是这种便利是以牺牲营养与味道为代价的。

的疾病。虽然他们变得更健康、更不容易生病，但他们也在家庭和烹饪事务上，向政府和大企业让渡了相当大的自主权。在人类

与微生物关系领域，卫生运动的预测与建议既绝对又单一，忽视了个体差异或传统观念。

在传统观念中，那些略显粗糙的、文化意义上的特定建议，在遵循它的人们身上唤起一种创造性，但已经被一套基于畏惧的严格规定所取代（这就是在今天避免感冒的知识，会比烘焙酸面团或者腌胡萝卜的知识更常见的原因）。这种畏惧，就像马里湖事件所展现的，并不是毫无理由的。无论是细菌、酵母或霉菌，这些微小的具有两面性的生物可能带来疾病也可能带来健康。法国当代社会学家布鲁诺·拉图尔（Bruno Latour）在他的《法国的巴斯德灭菌法》中写道："社会不仅是由人组成的，微生物在任何地方都在干预与行动。"那么，谁能知晓这些隐藏在暗处的"特工"们的目的呢？

在进入现代之前，没有人能知晓。为了理解微生物的两面性，我们需要了解一些它们的生物学特性。微生物是指微小到肉眼不可见的生物。事实上，一个大头针的针尖上就有上百万个（甚至更多）微生物。它们的存在，有着古老的岁月。微生物花了数亿年等待陪衬它们的人类，一旦人类消失，它们很可能再坚持数亿年。它们诞生于约40亿年前。当时的地球可不是被我们称为家园的友好、温和的世界，而是一个受到彗星、流星和太阳辐射冲击的星球。除了这些冲击，还有运行轨道距离比今天近很多的月球，其引力引发了剧烈的潮涌。在波涛汹涌的大海下面，热液喷口释放出巨大的能量。在这些喷口周围，是富含生命必需物质的堆积淤泥。正如英国科幻小说先驱作家威尔斯所写，这是"在虚空浩瀚之中，尚未被燃起的一抹微光"。

　　尽管尚未被燃起，但仍然存在，生命以原始细胞的形式扎根。即便在几十亿年前，地球从炎热变得寒冷，生命也在持续繁衍且更加多样。它们演化成两种截然不同的单细胞形态：细菌和古细菌。细菌有细胞壁但缺少细胞核结构。古细菌大小与细菌相仿，同样结构简单，但和细菌不同的是，它们拥有更加复杂的基因组

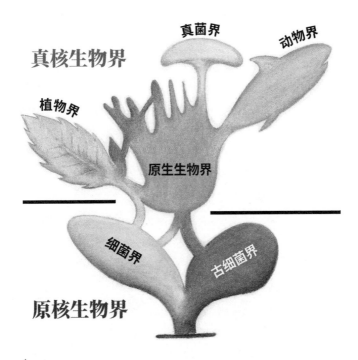

△
这是一张描绘生命从低级向高级演化的示意图。今天的生物王国的存在有赖于远古时期细菌与古细菌之间的内共生起源。这不仅使地球出现更高级的生命形式成为可能，还有助于地球变得对许多生命形式友好起来。

结构和新陈代谢途径。虽然细菌和古细菌都能利用太阳能，但是与前者相比，后者更喜欢不友好的环境。除去这些差异，它们有一些很密切的关系。根据主流的共生起源理论，古细菌在某一时刻吸收细菌而不会破坏它们，两者融合形成真核生物——有清晰细胞核轮廓且其中含有以染色体形式存在的 DNA 的细胞与生物（我们人类就是真核生物）。由于细菌提供了额外的能量，这种新的共生形式可以长得更大，积累更多的基因，并且变得更加复杂。这种进化了的菌株产生的废物——氧气，又为生命的多样化创造了条件。

微生物无处不在，而且在每一个生物过程中发挥作用。它们维护着世界的各种生态系统，并为生活在其中的生物们的健康作出贡献。它们分解死亡的生物，并救助活着的生物。不过，当条件适宜时，它们也会带来疾病、饥荒与死亡。

有大约 39 万亿的微生物生活在我们体内，但我们只了解其中的一小部分的角色与职责。我们知道许多微生物能增强免疫系统、平衡血糖、改善消化并为我们的健康与幸福作出其他有益的贡献。对我们而言，人类已经可以控制微生物来增加我们的食物供应，使食物更有营养、更美味。人类像驯化牛和羊一样驯化微生物，来养活我们自己。

然而，对微生物而言，我们又是什么呢？这个令人不安的问题仍然没有答案，这些看不见的生命形式的动机依然不明。1891 年，珀西·弗兰克兰（Percy F. Frankland）教授观察到，它们"在我们周围所有的环境中大量滋生，于善于恶都有异乎寻常的潜力，有时候表现得像我们的朋友和忠诚的仆人，毫无怨言

△
这是迪尔伯恩化学公司位于美国芝加哥的细菌分析实验室，照片约拍摄于 1930 年。20世纪早期与中期的科学界对微生物持一种相当危言耸听的观点，这种观点很大程度上损害了古老的发酵方法的延续。然而，近几十年来，人们对微生物在人类健康、长寿与幸福中的作用重新产生了兴趣。

地做着它们被要求做的工作，而在其他时候，它们像势不两立的
仇敌一样反抗我们，蔑视我们的力量与才智"。 我们用在抗击
那些导致疾病和死亡、破坏我们劳动成果的微生物上的精力，与
培育那些带来健康和幸福的微生物的精力一样多。我们努力驯化
微生物，以防止我们成为它们的"殖民地"。

　　令人开心的是，像英国小说家托马斯·哈代（Thomas
Hardy）所写，这些不懈的斗争成就了"非常美好的历史"，除
此之外还有不少美味的食物。但是在我们吃这些食物前，应该先
想想饮料，毕竟相当多的早期发酵制品是以含酒精饮料的形式出
现的。

第一章

玩与笑：发酵饮料的诞生与演化

> 树下一卷诗、一壶酒、一块面包，还有你，比邻我，在荒野
> 中歌唱，这荒野啊，即是天堂！
>
> ——奥玛·海亚姆《鲁拜集》

尽管人类是如何发现酒精饮料的仍不得而知，但是几乎可以肯定，是出于偶然。

首先是天然的水果发酵制品，因为它们不需要诱导就能发酵。每一只在果园里或者在洒出来的饮料周围嗡嗡作响的黄蜂，都携带着无数的酵母菌细胞。无论是进食还是排泄，它们将这些细胞带入含糖物质里。用不了多久，酶就会把糖转化为乙醇。

将糖转化为酒精是酵母菌在上亿年前就形成的一种能力。一般认为，漂浮在树汁中的酵母细胞开始交配，它们的合并引发了一场被称为"全基因组复制"的基因爆发。当它完成时，酵母菌

便具有了将葡萄糖转化为酒精的能力（此基因复制的过程对进化非常重要，因为它让基因的复制品具有新功能）。在自然界发生的各种意外事件中，一次，有花植物的白垩纪祖先也发生了同样的基因复制，演化出了酵母菌喜欢的甜美的肉质果实。之后，当一个勇敢的人品尝了一些发酵的水果果肉，并感到十分愉悦后，人类就在其中找到了一种慰藉与灵感的来源——酒精。

后来，人们发现，牛奶和水与蜂蜜的混合物也能发酵成令人陶醉的饮料。经过反复试验，人们逐渐开发出一种工艺，几乎可以稳定地制作出这种饮料。葡萄被证明是一种特别适合发酵的原料，葡萄酒便诞生了。啤酒是一种制作起来更困难的饮料，它的研制耗时更长。因为不同于水果、牛奶或加了蜂蜜的水，谷类植物的谷粒被坚硬的外壳包裹着，而且含有酵母无法摄取的淀粉和糖类。

随着时间的推移，人类找到了方法。成功的关键在于将谷物中的淀粉和糖从不可溶转化为可溶，这需要一种酶的参与。唾液淀粉酶是一种存在于唾液中的淀粉转化酶，人类咀嚼的动作起到了将它引入谷物的作用。直到今天，南美洲吉开酒（chicha）的制作者，依然通过咀嚼玉米来发酵这种受欢迎的传统啤酒。适合发酵的第二种酶是淀粉糖化酶，它是谷物发芽或"制造麦芽"的产物。在被称为糖化的过程中，出芽的谷物在水中加热，产生一种易于发酵成酒精的富含糖与酶的液体。

在非洲，糖化的方法仍然存在且被当地人使用。他们酿造的啤酒种类众多，从起泡的液体到黏稠的粥。虽然浓稠度不同，但是它们都含有酸与酒精的混合物，这是酵母和乳酸菌在发酵过程中的副产品。例如，尼日利亚比尼人的啤酒，是用放在铺有香蕉叶的篮子里的有芽玉米与高粱酿造的。发芽的谷物经过研磨、煮沸、冷却、过滤并静置过夜来发酵。等发酵完，人们将它二次煮沸，浓缩液体，并加入从前一批保留下来的酵头。在饮用前，这种液体还要经过第三次发酵。啤酒成品呈深褐色，味道上苦甜参半，酒精含量在 3% 左右。

非洲每个地方都有值得夸耀的特色发酵酒精饮料。啤酒能团结集体、巩固习俗，并通过提升人们的好心情、提供消遣与营养，让各种场合都更欢乐。只要看看非洲 12.5% 到 33.3% 的粮食作物被制成啤酒这一数据，就知道确实是这样。

学者们推测，虽然啤酒的出现可能要归因于人类寻求更简单的面包制作方法，但是它的地位很快就高于其他食物。最近的研究结果表明，啤酒甚至可能比面包更早出现。2018 年，哥本哈根大学的研究人员在约旦东北部挖掘出了一些壁炉。据他

▷
这是一碗为庆祝冬至日准备的吉开酒。这种南美饮料的制备，需要通过咀嚼玉米将唾液中的淀粉酶引入，从而启动发酵过程。

们估测，这些壁炉有 14200 年到 14400 年的历史，其中的面包屑可以追溯到谷物种植之前。因此，壁炉的主人们不得不采集他们需要的谷物。由于此项工作具有相当难度，人们不会将谷物仅用于制作食用的面包，丹麦研究人员推断，这些面包屑来自为了加水发酵成酒精而烘焙的面包。这些研究结果进一步表明，该地区农业社会前的居民们似乎设置了欢乐而充足的奖励，来回馈采集野生谷物的劳作，而不仅是营养品。最近另一个在以色列海法进行的考古挖掘，则挖出了一座约有 13000 年历史的啤酒酿造坊。

啤酒的知识和它使人头晕目眩的效果，在游牧民族的游牧过程中传播开来，并在美索不达米亚文明的城市中扎根。埃及人、苏美尔人和巴比伦人都用出芽的大麦与小麦烘焙面包。面团被放入水中做成醪液，然后放入陶制的容器中发酵。而且，他们都会保留一部分醪液，作为下一批面包的酵头。长期反复的实践巩固了人类和酿酒酵母（*Saccharomyces cerevisiae*）的关系，而且各种相关的习俗与仪式也应运而生。

古代美索不达米亚的艺术表明了喝啤酒与今天一样，是一种社会活动。这一时期的印章上描绘着人的形象，一根吸管从他嘴里伸向公共容器。吸管暗示啤酒未经过滤并充满沉淀物。大麦、斯佩尔特小麦与许多其他谷物都适合酿造深色、浑浊的啤酒，不过斯佩尔特小麦可以单独酿造出优质啤酒，而大麦单独酿造的啤酒质量最差。无论哪种谷物或谷物的组合，啤酒通常都含有各种香料。有些饮用者会加水淡化他们芬芳的啤酒，有些则饮用最浓郁的啤酒。又辣又酸，"少"而提神，与葡萄酒和蜂蜜混合，或

▷
苏美尔人的楔形文字
石板记录了啤酒分
配的收据。这种饮料
的出现甚至可能早于
面包。

直接饮用——古代的啤酒有很多令人印象深刻的选择。

　　酒精的奇迹及其对人类的影响力，很自然地引起了权贵们的注意。各路"神明"监视着啤酒的生产。宁卡西（Ninkasi，苏美尔文化中的啤酒女神，译者注）在苏美尔人酿造啤酒时监督着他们。她居住在虚构的萨布山（酒馆的山）上，有九个孩子，每个孩子都被她用一种酒精饮料及其标志性的醉酒行为命名，比如"吹牛"和"争吵"。一首公元前 1800 年前后为她所做的赞美诗中写道："是你用大铲子处理面团，是你将煮好的醪液铺在大芦苇垫子上。"随后的诗篇中详细介绍了啤酒酿造过程中的后续步骤，最后以赞美女神的慷慨大方结束。上面写道："宁卡西，是你将过滤好的啤酒倒入储酒缸里，啤酒就像奔流的底格里斯河与幼发拉底河。"

　　人们认为，宁卡西在啤酒酿造中发挥了作用，但是那个时代的其他神明则乐于享用成果。卡纳克神庙大门上一段关于埃及神明穆特的铭文写道："为了纪念女神，啤酒，努比亚赭石一样红

△
这是埃及神明贝斯的浮雕。他的崇拜者发现，与哈索尔和其他神明一样，贝斯也爱喝啤酒，他为了保护快要分娩的女性需要大量的啤酒。

的啤酒，在庆典的日子里被倒入山谷，这样一来，有别于日常的特殊啤酒，能够安抚她心中的怒火。"哈索尔女神也一样需要啤酒，确切地说，是大量的啤酒。负责照管孕妇、矮小又多嘴的神明贝斯也要啤酒。古埃及圣甲虫雕饰上，描刻他捧着大酒罐痛饮的形象。古代地中海东岸地区神明们的世俗代表，也索求他们的啤酒份额。成坛的啤酒被运送给巴比伦的祭司们，用在特定的仪式上。而埃及的很多庙宇都有自己的酿酒厂。

啤酒无疑是受欢迎的，但在古代地中海东岸的社会精英中，啤酒的地位要略逊于葡萄酒。在今天伊朗的扎格罗斯山脉中的两个地点，有该地区最早的葡萄酒酿造的证据。人们在六个陶罐中发现了淡黄色残留物，每个陶罐的容量约为 9.5 升。残留物被证实是葡萄汁和树脂。考古学家们认为，早在 8000 年前，黑海和里海之间地区的人们就饮用一种味道与希腊松香味葡萄酒（Greek retsina）很近似的葡萄酒。

与啤酒一样，酿造葡萄酒的工艺也广泛传播。在尼罗河沿岸和整个古代地中海东岸，伟大的国王们为葡萄种植与压榨的系统提供资助，该系统变得越来越成熟，也越来越复杂。而且，与啤酒一样，葡萄酒也和神联系起来。苏美尔史诗《吉尔伽美什史诗》中出现了一座奇迹葡萄园。园中的葡萄藤代表着生命之树，果实的汁液可以使人永生。它由"众神酒馆"的管理人西杜里照管着。后来的巴比伦人也表达了他们对葡萄酒的神性的理解。巴比伦人在巴比伦神庙（用于举行宗教仪式的阶梯状的金字塔）的斜坡上种植葡萄和其他水果。

上埃及君主蝎王一世（Scorpion I）死于公元前 3150 年前后，

在他的墓中，人们发现了装有葡萄籽和松节油树脂密封物的罐子。这些残留物表明，这些罐子曾装有葡萄酒。有些罐子装有无花果，可能是为了增添葡萄酒的风味或增加其酵母含量而添加的。另一些罐子中发现了柠檬薄荷、芫荽、薄荷及鼠尾草等草药。这座墓的 3 个墓室内有 700 个罐子，足够容纳 4000 升葡萄酒。葡萄酒似乎是葬礼仪式的必备之物。当意识到死亡即将来临时，富有的埃及人会用葡萄酒清洗自己。到公元前 5000 年，用来自尼罗河三角洲享有盛名的五个葡萄种植区域的葡萄酒陪葬，在富人中已屡见不鲜。与此同时，建造金字塔和承担所有社会必要劳动的奴隶，只能以啤酒作为临终送别礼。

希腊人同样赋予葡萄酒极大的文化价值。在《伊利亚特》中，荷马（或此后每一位以此为名的无名吟游诗人们）将葡萄酒作为一种民族饮料。希腊人将葡萄酒视为纯洁、热情和男子气概的象征。因为这些原因，它对富人和穷人都很有吸引力。

另一方面，他们认为啤酒是腐坏的、冰冷的、柔弱的、女性化的。医生狄奥斯科里迪斯（Dioscorides）声称啤酒会引起象皮病。哲学家亚里士多德认为啤酒让人麻木。那时人们普遍相信，啤酒产生于腐烂的物质。因此，喝啤酒的人也会腐烂。对啤酒的态度，成为辨别是自己人还是"他人"的便捷方法。简言之，喝啤酒的色雷斯人、弗里吉亚人、埃及人，都是外国人。

希腊人把自己的身份押在葡萄酒上，这使得他们以任何可能的方式改进这种饮料。他们发现，在收获的季节里，早收获的葡萄保留了酸度，而把葡萄放在垫子上干燥可以保持其甜度。

他们会将葡萄酒稀释后饮用，因为希腊人认为只有野蛮人才会直接喝。他们会用在今天看来不太寻常的原料来给葡萄酒增味。希腊修辞学家阿特纳奥斯（Athenaeus）声称："当海水注入葡萄酒时，葡萄酒是甜的。"希腊人的葡萄酒还充满香料气味。喜剧诗人德克西克拉提斯（Dexicrates）写道："如果我饮酒，我的葡萄酒要加雪，加少许埃及人所知的最好的香料。"这种创新经常变得非常怪异，加入的东西似乎会让酒变得不再可口。老普林尼（Pliny the Elder）说："在希腊，他们用陶工的陶土或者大理石粉让葡萄酒的口感顺滑。"另一方面，穷人很少享有改良葡萄酒的机会。对他们来说，喝葡萄酒是听天由命。葡萄酒的质量会因酿造中的不确定性和富人们的品位而变化，时而高时而低。穷人通常只能用富人喝完葡萄酒后剩下的酒泥来满足一下。

在狄俄尼索斯的各种庆典上，这种由葡萄酒带来的阶级差异会稍有缓和。浓髭密髯、手持顶饰松果的茴香权杖，这位葡萄酒之神从东方来到这里，将他的信徒送上通往非理性的路（后来的形象中，他外表更中性，有浓密的卷发、苍白的皮肤，且没有胡须）。他的追随者被称为"巴克哀"，他们忙着参加庆典的各种仪式。历史学家爱德华·许亚姆斯（Edward Hyams）将这些仪式描述为"一场严重的醉酒驾车案例"。尽管他们"充满欢笑"，但是他们"声音恐怖"且"行为狂野"。狄俄尼索斯不仅是葡萄酒之神，还是丰饶多产、政治抗议及未知未见之神，他掌管一场席卷欧洲的狂热崇拜。这种醉酒和狂喜放纵主题无疑具有巨大的吸引力。

这是一只有狄俄尼索斯肖像的双耳瓶。狄俄尼索斯最初是一位从东方来的异国神，最终在希腊的精神和文化中找到了归宿。

　　随着罗马的影响力超越了希腊，葡萄酒变得越来越流行。伊特鲁里亚人将葡萄引入意大利北部，自从公元前 800 年与腓尼基人接触后，就一直在那里种植葡萄。南部的古希腊城市也为葡萄酒生产作出了贡献。无论它是否起源于意大利，葡萄酒在罗马人的手中取得了长足的进步与发展。因为不得不学习在不同的气候条件下种植葡萄，罗马人获得了专业的知识。例如，更长的成熟期、更晚的采收日，很可能是罗马人的创造发明。诗人维吉尔（Virgil）在《农事诗》中建议："你要第一个去松土，第一个去修枝，趁着篝火，第一个把你的葡萄藤盖起来；但是要等到最后再采收。" 罗马人比希腊人更加频繁地使用葡萄酒压榨机。事实上，他们广泛地依靠技术，将葡萄酒酿造的机械化提升到前所未有的程度。在帝国最偏远的地区，那里的酿酒师一直用沉重的石头和柳条篮来压榨葡萄，也可以看到他们使用螺旋压榨机。螺旋压榨机还在莱茵、香槟和勃艮第等今天欧洲非常重要的葡萄酒产区使用。

其他的技术因地而异。在罗马帝国的北部和西部地区，葡萄汁（压碎的新鲜果实、籽和果梗的混合物）被放在石槽或木桶中发酵。在南部地区，人们则更常使用被称为杜力姆的大陶罐。硫黄是一种有效抑制有害细菌生长的抑制剂，用它可以控制发酵。因为罗马人没有硫黄，所以在天气炎热时发酵容器经常爆炸。为了避免这类不幸事件的发生，写过大量农业方面文章的老加图（Cato the Elder）建议酿酒师将容器埋入土里，或沉入池塘中30天。他声称，经过这种处理的葡萄酒"一整年都很甜"。

罗马人变得如此精通葡萄酒，以至于他们创造了大量的酒。稳定的供应意味着各个阶层的成员都能够获得葡萄酒。在富人的葡萄园里工作的奴隶也用它来舒缓劳作的辛苦。它还有助于所谓的"面包和马戏团"，这是一项提供免费食物和演出的社会政策，旨在分散拥挤的城市民众的注意力，如果他们不安就让他们沉迷于持续的享乐中。例如，一场角斗士比赛中，可能有成千上万的双耳陶罐被发给观众们。在这样一次活动中，托勒密·斐勒达奥弗乌斯（Ptolemy Philadelphus）分发了2万加仑的葡萄酒，这些酒被装在巨大的豹皮袋里分发出去。

在中国，葡萄酒的酿造开始于新石器时代早期仰韶文化（公

元前 5000 年到前 3000 年），一直延续到夏朝（公元前 2070
年到前 1600 年），并在随后夏朝和周朝（公元前 1046 年到前
256 年）之间发生改进。这种由小米、高粱、大米和各种水果制
成的早期的酒，引起了官员们的极大兴趣，就像在古埃及和美索
不达米亚一样。专门的机构管理着酒的酿造，并对如何酿出最好
的佳酿提出建议。

　　酿酒师们开发出一种严苛的流程来制作酒曲，俗语中称它为
"酒的脊梁"，该方法出现在汉代儒家经典著作《礼记》中。它
指导酿酒师只使用成熟的谷物和清洁的工具及容器，在正确的时
间加入酒曲，在适当的温度和适当的时间煮沸干净的水，并且将
成品倒入高质量的陶瓷容器中。

　　更好的酿造技术久而久之就能酿造出更好的酒。随着酒的
质量的提高，"品质"开始受到青睐。商朝的贵族会举行酒会。
商朝末年，沉溺于声色犬马的纣王，建造了一个水池并下令将
它用酒装满（他为了自己玩乐还造了一座挂着肉的森林）。他
命令男人和女人在池中裸泳和追逐嬉戏。纣王的酒池纵欲是堕
落的代表，它加速了王朝倾覆，但却推动了中国第一部反酒类
法规的诞生。

　　葡萄酒，这种看似低调而谦逊的发酵饮料，却可以协助反抗
者打倒统治家族，甚至可以推翻整个帝国。当罗马城陷落，被铅
污染的葡萄酒可能也在其中起了一定作用。一些学者怀疑，葡萄
酒造成了精英们各种身体和认知的缺陷。无论葡萄酒此处的作用
是什么，是否受到了污染，在随后的社会中，它的地位是稳固的。
整个罗马帝国的葡萄园的所有权被转交到北方欧洲的"蛮夷"征

服者手中，虽然他们习惯喝啤酒，却也开始学习和了解葡萄的价值。事实上，他们开始爱惜和保护葡萄，任何损坏葡萄藤的人都会受到严厉的惩罚。9 世纪伊比利亚的阿斯图里亚斯王国的君主，奥多尼奥一世（Ordoño I），将科英布拉（位于今天葡萄牙中西部）附近的葡萄园置于一所修道会的保护之下。

　　啤酒也在修道院的保护之下。基督教修道士将酒精视为对神的召唤，这种认知可能与烈酒有关（在 16 世纪蒸馏技术有了改进且某些物质让它们变得更可口之前，白兰地与伏特加一类的烈酒一直不是为了好喝而饮用的）。他们不仅保留了罗马人的葡萄酒酿造传统，而且采纳并精细化了野蛮入侵者们的啤酒酿造方法。他们种植小麦、燕麦、黑麦和大麦，将其中一些用来酿造艾尔啤酒。最终，艾尔啤酒成为酿酒的圣职人员的一项重要收入与影响力的来源。一款艾尔啤酒的美名，可能通过投宿过修道院的朝圣者及行商者传播开来。教会将艾尔啤酒作为吸引活动参加者和举办行会活动的手段之一，因为行会成员更有可能选择有充足啤酒储备的会场。

　　在将酒精作为行使权力、聚敛财富和获得影响力的手段后，中世纪教会重新思考了古代地中海东岸、亚洲东部的国家及后来的希腊和罗马留下来的各种手段方法。然而，在黑暗时代（476 年到 800 年）末期复兴的欧洲西部国家，为了自身利益而开始找寻类似的手段与方法，只是个时间问题。欧洲城镇的人口、规模和贸易多样性都在增长。在靠近水源的地方，啤酒酿造厂、酒馆和客栈如雨后春笋般涌现（而且不是所有的水都可以酿酒，含有过多石灰的水会影响发酵，含有过多铁的水影响澄清度）。

◁

这是一位正在酿造啤
酒的修道士。中世纪
基督教教会与古代埃
及文明一样，承认啤
酒中蕴含着巨大力量。
修道士教团依照严格
的标准酿造啤酒，确
保啤酒的质量足以吸
引教区居民和市民参
加市集和其他募款
活动。

　　除了大自然给啤酒的生产者与销售者施加的各种限制外，政
府也对他们多有限制。英格兰的征服者威廉一世（William the

Conqueror)为伦敦市任命了四位"艾尔检测员",责令他们确保啤酒屋出售的艾尔啤酒适合饮用。酒馆老板们从皮质马裤便可认出"艾尔检测员",皮质马裤既是他们的制服也是工具。他们进行检查时要用啤酒把坐的地方弄湿,然后在这个水坑里坐上约30分钟。如果站起来时,马裤没有被粘住,他便判定啤酒可以销售了(有任何一点黏性都表明啤酒里仍有残余的糖,这是发酵不完全的迹象)。随后的几个世纪,欧洲大陆的书籍上开始出现其他法规。亨利五世(Henry V)通过宣誓就职仪式,使艾尔检测更加庄严。在1551年,英格兰和威尔士开始要求艾尔啤酒屋持有许可证。1516年,巴伐利亚颁布了《纯净法》,将水、大麦与啤酒花列为啤酒的许可成分,这到今天仍然有效。

在严厉的法规和人们对纯度的忧虑背后,潜藏着一种商业驱动力。商人们将啤酒视为一种有利可图的出口商品。有关英国艾尔啤酒出口的第一份文献来自1158年托马斯·贝克特(Thomas à Becket)访问法国时的一本账目。在他去往巴黎的队伍中,包括两辆装载着装有艾尔啤酒铁箍木桶的马车。贝克特的文书记录,这些艾尔啤酒"来自精选的饱满谷物",作为"给法国人的礼物"。在试喝时,这些法国人对这样一项发明感到惊讶,他们评价"这是最有益健康、清澈无渣、色泽媲美葡萄酒,且在味道上超越葡萄酒的饮料"。

虽然有益健康且味道卓越,但英国的艾尔啤酒并没有很好地保存下来。如果想给法国人带点能喝的东西,贝克特及其随行人员就不得不抓紧时间。当时的酿酒师为了使艾尔啤酒能够运输,要将它发酵到相当高的酒精含量。后来出现了第二种方式——加入啤酒花。在麦芽汁糖化后、酵母活化前，加入啤酒花，干燥的花朵会释放起到防腐剂作用的物质。 贮存良好的啤酒里有啤酒花，而精致的艾尔啤酒里则没有。

啤酒花与啤酒厂互惠互利。啤酒花帮助酒厂生存甚至兴旺发达。在酒厂的土地上，啤酒花花园茁壮生长，尤其在法国的东部和北部，以及德国的巴伐利亚地区，这些地区的气候都很适宜种植啤酒花（英国人更喜欢甜的艾尔啤酒，因此直到 1700 年才开始经常饮用加啤酒花的啤酒）。这些花园里的啤酒花让酒厂可以将酿造的啤酒送往之前遥不可及的市场。

如此一来，啤酒花将一种易腐的国内饮料变成了完美的世界商品。因其令人喝醉的效果、持续不断的市场需求及人们对法规与税收的遵从，啤酒在整个欧洲的流行经久不衰。对酿造者、商人及君主来说，简直是美梦成真，君主更是将啤酒收入视为各种关税、税费的理想载体，来填满他的国家金库。正因如此，与欧洲的其他各行业相比，法律在啤酒酿造业中的作用更为重要。评估人员为啤酒称重、定量并评估其质量——浓度、澄清度等。自始至终，统治者们都密切关注着并为这种利润最为丰厚的发酵制品着迷。

但是，有些人不仅仅是关注啤酒。事实上，不少统治者都采取措施，确保他们的啤酒厂能与其他酒厂一较高下。这些措施在 14 世纪变得更加重要，那时出口啤酒的国家之间的竞争变得相当激烈。

例如，在荷兰，来自汉萨同盟（一个由德国北部海岸的行会和集镇组成的联盟）城镇的加了啤酒花的啤酒，挤掉了本地的啤酒。为了生存，荷兰酿酒师被迫改变了他们生产啤酒的方式。而他们的君主了解啤酒对经济的重要性，于是伸出了援手。在 14 世纪后半叶，荷兰伯爵颁布了一项经济发展政策。在政策引导之下，排水项目修复了用于种植酿酒所必需的谷物的土地，人们有权定居城镇并被允许建立酿酒厂及从事相关行业。他们还对外国啤酒与谷物征收关税，并在一些地区完全禁止进口德国啤酒。在接下来的两个世纪里，这些政策有效地增加了荷兰啤酒的产量。随着啤酒产量的增加，政府出台了更多监管措施。

然而，荷兰酿酒师改进啤酒花以适应新经济、社会与立法环境的做法产生了巨大影响。传统的荷兰啤酒配方要依靠格鲁特（gruit），一种可能含有香杨梅、艾蒿、蓍草、欧活血丹、欧夏至草和帚石南的草药混合物。有时，其中也会出现杜松子、生姜、葛缕子籽、八角、肉豆蔻和肉桂。格鲁特中甚至偶尔有啤酒花，虽然其数量不足以保存啤酒以供出口。将啤酒花替换成格鲁特，再加上酿造工艺的改进，让荷兰人酿造的啤酒在品质上足以媲美德国啤酒。

长期的战略投资获得了回报。在此期间，啤酒酿造业为荷兰经济作出了最大的财务贡献，并间接使运输业和制桶业等相关行业受益，城市也同样获益。例如，阿姆斯特丹市的葡萄酒、啤酒和谷物的消费税收入成为它最大的收入来源，到 1552 年占到总收入的 70% 左右。近代荷兰早期经济生活的新兴活跃也带动了政治和社会生活的活跃。

当然，任何依赖税收的社会都会有免税的成员。贵族们不用支付饮酒相关的消费税，修道士、贝居安会修女和造船工人们也不用。他们与麻风病人共享这种特权。

　　那些不得不支付税费的人似乎并不介意，酒饮用后的效果无疑可以缓解任何此类负担带来的痛苦。荷兰人树立起了善饮的形象，"酒量惊人"成了他们的代名词。伊丽莎白时代的诗人托马斯·纳什（Thomas Nashe）抱怨他的同胞们"饮酒过量"，并把该问题归咎于英国介入低地国家政治所带来的外来影响。事实

◁

《一边抽烟一边紧抱啤酒罐的两个荷兰酒鬼》，创作于 1831 年前后，铜版画。随着啤酒花在酿造过程中的使用，荷兰成为啤酒出口大国，而且它的国内啤酒消费量也相当惊人。多样、合理的税收与法规共同支撑着啤酒酿造业，荷兰社会的繁荣是其他早期现代欧洲国家所没有过的。

上，在荷兰的饮品中，只有水能超过啤酒。据估计，在15到16世纪，荷兰的人均啤酒消费量约为每年400升。成人平均每天饮用4升，而各行各业的技术工人往往会喝得更多。虽然荷兰对啤酒征税，但它的价格十分便宜。在17世纪50年代，酒馆里一大杯啤酒售价约为半个斯图弗（stuiver，荷兰旧时货币单位，译者注），约合今天的1.19美元（1美元约合人民币7元）。

　　除了能让人喝醉这个显见的特点，荷兰人如此喜爱啤酒是因为它有很多选择，大致可以分为三类：品质高且贵的、寡淡但便宜的，以及介于两者之间的。第一类啤酒，如果不出口的话，会在添加草药后销售给富人。代尔夫特、哈勒姆和阿默斯福特的啤酒厂以其特别浓郁的啤酒而出名，它们的啤酒成了某种身份的象征。第二类啤酒通常会作为餐酒，第三类啤酒则没有特定用途。啤酒的浓度与价值取决于它是来自第一次、第二次、第三次还是第四次糖化。加入啤酒里的草药和香料，有时是为了迎合富人们的口味而增添风味的，有时则被赋予促进身体健康的属性。例如，多德雷赫特镇出产了一种特别受人喜爱的药用啤酒——库伊特（Kuit）。这是一种用大量燕麦酿造未加啤酒花的艾尔啤酒。喜欢浓郁啤酒的人喝狄肯比尔（dickenbier）或斯开勒·普尔特斯比尔（swarer poortersbier）。沙比尔（Scharbier）很淡，它的吸引力在于纯净而非任何让人晕醉的效果。因为淡，所以它免于征税。同样不被征税且更淡的是谢普斯比尔（scheepsbier）和船上（ship's）啤酒。

　　然而，新规则基本无效，因为任何统一的标准都无法执行。比如，一位酿酒人可能声称他的啤酒是狄肯比尔，但是他带到市场上的产品并没有遵循法定配方来制作，其偏离的程度大到可以被当作一种新啤酒。在大众传播时代到来之前，让酿酒师行动一致是一项艰巨的任务。

　　酿酒本身是无须立法保护也可以持续的，自埃及法老时代以

◁

这张大麦的图片来自19世纪的德国教科书。在荷兰法律严格限定的各种可以酿造啤酒的谷物中，大麦是最便宜的。因此，它在荷兰被广泛应用于各种啤酒的制作。

来基本没有改变。然而，人们对发酵过程的理解发生了改变，理解得更详细更复杂。虽然荷兰人知道有顶部发酵和底部发酵酵母，但是历史证据表明，他们更喜欢用前者酿制的啤酒（不过在冬季酿造时他们可能也使用发酵速度缓慢的底部酵母）。各家啤酒厂的酵母接种方法各不相同，有些通过加入前一批的啤酒来启动发酵过程；另一些则把面包扔进麦芽汁中；还有一些干脆以不清洗设备的方式，来保留早些批次啤酒的残留物。最后一种方法有时会让这批啤酒遭受有害酵母菌污染的威胁。不过到了 15 世纪，酿酒师更倾向于将他们的酵母放入干净的容器中培养，以避免污染。一旦将麦芽汁倒入发酵槽中，他们会加入这些未被污染的酵母。为了确认麦芽汁是否彻底发酵，他们会在附近放一支点燃的蜡烛。如果蜡烛熄灭，就表明麦芽汁已经彻底发酵了，因为麦芽汁释放的二氧化碳浓度已经足以熄灭蜡烛。

15 到 17 世纪，荷兰的酿造工艺几乎没有任何改变。啤酒酿造行业所需要的设备，例如糖化用的发酵桶、煮麦芽汁和水的壶、冷却槽、发酵槽和发酵桶，以及各种手动工具，添加、移动谷物的铲子、耙子和搅拌用的桨。底部发酵的啤酒在深槽里要进行 10～12 天的主发酵，随后在木桶中进行二次发酵。酿酒师在木桶里留出一些空间，木桶被密封并存储在阴凉通风的地方。顶部发酵的艾尔啤酒在木桶中进行 3 天发酵。无论是顶部还是底部发酵的啤酒，酿酒师为了使啤酒澄清，可能需要使用猪蹄或牛蹄、干净的沙子或石灰、橡木皮碎屑或也被称作鱼胶的干鱼鳔。 鱼胶至今仍在使用。

荷兰人在啤酒里发现了一个通过出口帮助他们积累财富的机

会，他们将这些财富用于建立帝国伟业。很快，另一些国家也加入了荷兰的啤酒贸易，因为他们已经设法改进了啤酒酿造技术。1553 年，巴伐利亚公爵阿尔布雷希特五世（Duke Albrecht V）宣布禁止夏季的酿造活动，因为炎热的天气影响了酵母，导致酿

△

这幅《采葡萄的人》是临摹《圣格雷瓜尔的对话》里的一幅细密画，约创作于 13 世纪。在各种发酵饮料中，葡萄酒是最能抵抗各种标准化和工业化生产的。事实上，自从中世纪以来，甚至自古典时代以来，酿造葡萄酒的最佳方式就基本没有改变过。

造的啤酒既难闻又难喝，无法销售。他用法令规定酿造季节从圣迈克尔节（9月29日）开始到圣乔治节（4月23日）结束。底部发酵的酵母在凉爽的天气里表现良好，酿造出的啤酒颜色淡雅而可口，很受欢迎。这种方法很快传到波希米亚。那里的普利泽市有一家由市民开办的酿酒厂。该酒厂开发出了一种颜色浅而味道清淡，但略带苦味的啤酒。其风味和外观的完美结合，要归功于这家酒厂的水源，其水质软而且几乎不含杂质。

　　不过，啤酒厂使用的酵母的表现不可预测，有可能会酿造出有奇怪酸味的啤酒。世界上水质最软的水似乎也不能避免此类问题的发生。

　　那么葡萄酒呢？它与当地自然条件千丝万缕的联系也使其难以标准化和商品化。有太多东西取决于自然条件，例如当地的基岩、土壤、水、气候及许多其他因素。除了最廉价的品种，其他葡萄酒的酿造工艺都有反机械化的倾向。与啤酒一样，微生物可能会毁掉整年的酒，这让葡萄酒商万分沮丧。

　　但这并不是因为缺乏尝试。正如下一章中我们将会了解到的那样，路易斯·巴斯德，这位令人尊敬的生物学奠基人让葡萄酒酿造在防腐方面有了质量上的突破。后来，其他人将巴斯德的实质性突破转用到啤酒之中，其产生的结果是深远且革命性的。

第二章

"伟大的进步"：发酵饮料的工业化

最好的酿啤酒挣钱的方式是：健力士（世界最大的工业化生产黑啤酒的品牌，也叫吉尼斯）酿波特啤酒，波特啤酒挣钱。

——埃杰顿－沃伯顿《参观都柏林酿酒厂》

19世纪的法国，劣质葡萄酒是个棘手的问题。法国大革命将葡萄园从看重质量甚于数量的贵族手中解放出来，并将葡萄园的所有权给予了农民，而农民将葡萄产量提升到了使葡萄酒可以匹敌谷物这种大宗商品的程度。农田变成了葡萄园，到1850年，葡萄藤占据了200万公顷的法国土地。这也是一件好事，葡萄酒在各个阶级中都变得极其流行。法国农民、士兵及工厂工人都可以尽情享用葡萄酒，中产阶级的人们都想拥有一个储备充足的酒窖。大规模生产的葡萄酒尽管有大胆的尝试，却还有待完善，一季又一季的葡萄由于病害的影响而使农民损失惨重。

对酒商来说，这些葡萄酒造成的影响后患无穷。看上去很好的白葡萄酒变得油腻，而红葡萄酒则变得发苦。温暖的天气可能让红葡萄酒和白葡萄酒中都产生像云一样的丝状物质。卢瓦尔河谷和奥尔良的葡萄酒不再清澈，变得平淡无味且黏稠。最糟糕的是，这种弊端会毁掉葡萄酒的味道。蒙彼利埃的一位大酒商一向认为他的酒品质一流而且也是如此宣传的，当他的酒变得乏味被大家怀疑掺了水时，他面临破产。酒的销量急剧下跌，随之而来的是他的财富急剧缩水。

当葡萄酒仅出现在法国人的餐桌上时，这已经够令人不快了，但是当 1860 年法国与英国签订了一份自由贸易协定后，"得病"的葡萄酒从秘而不宣的羞耻变成了公开的尴尬。出口的葡萄酒经常会变成凝胶状而无法倒出，而且味道酸苦。不出所料，英国人停止了购买法国葡萄酒。一位批发商解释道："原因很简单，最初我们热切地欢迎这些葡萄酒的到来，但是事情很快变得糟糕，由于葡萄酒的这些问题，这项贸易带来了巨大的损失和无尽的麻烦。"

说到巴斯德，他是一位致力于科学研究的人。1863 年，拿破仑三世（Napoleon III）要求他调查葡萄酒的问题。巴斯德无疑是这项工作的合适人选。他反对自然发生学说（该学说认为微生物可以从非生命物质中产生），而且他已经在研究发酵的道路上稳步前进。1860 年，他出版了引人瞩目的《酒精发酵纪要》，其中包含该课题的历史及他的各种实验的详细描述。在这篇著作中，他驳斥了酒精是从化学发酵过程而来的流行理论，论证酒精并非这一过程的催化剂，只是酵母的一种副产物。巴斯德证明同一培养基可以根据接种的微生物种类而进行不同类型的发酵。酵母菌进行一种类型的发酵，乳酸菌是另一种。他的实验结果表明，人们可以通过控制发酵中的微生物种类来控制发酵的质量。

巴斯德的干预被证明是及时的。这位先锋微生物学家认为，

▷

路易斯·巴斯德，19
世纪微生物学的领军
人物。他的研究使人
们对发酵、细菌感染
和疾病预防有了新的
认识。

由于猖獗的"疾病","无论是效益高的还是效益低的，可能任何一家法国葡萄酒酿造厂里，都有部分葡萄酒受到了或严重或轻微的损害"。

　　为了进行实验，巴斯德去了他的故乡阿尔布瓦。位于汝拉葡萄酒产区核心的阿尔布瓦，以桃红色和茶色葡萄酒闻名。在那里，年轻的巴斯德曾在葡萄园中玩耍。现在，他和他的三个学生借用了一家当地咖啡馆的后仓，来放置他的显微镜、培养箱、细管、试管架、燃气炉和其他对实验很重要的仪器。柜台的后面是来自周围地区的葡萄酒样品。为了更全面深入地了解情况，巴斯德还在阿尔布瓦的市郊买了一个葡萄园。在那里，他能够观察葡萄酒酿造中从采摘到倒罐的每一个阶段。

　　巴斯德在葡萄种植地区的调查行动引起了酒商们的注意，因

△
这是巴斯德绘制的观察到的葡萄酒中的微生物图。他推断是这些微生物导致葡萄酒变质、变苦或者无法饮用。

为对自己的葡萄酒质量不满意，来自享有盛名的葡萄园的酒商们纷纷给他送来样品。巴斯德用显微镜观察这些样品，看到了紧密的圆形细菌群落，正是它们将最好的酒变得油腻、劣质。

巴斯德面临的挑战从发现致使葡萄酒变质的微生物变成了根除它们。化学物质被证明难当大任，因为它们的效果不可靠，而且经常让酒变得难喝。巴斯德决定对导致法国葡萄酒变苦的一种细菌尝试热处理。他取了25瓶产自勃艮第、博恩和波玛的不同年份的（1858年、1862年和1863年）最好的葡萄酒，使其静置48小时，从而让所有的小颗粒沉淀。然后，他将葡萄酒以虹吸的方式取出，这种方式可以使沉淀物保持稳定。当每个瓶子中只剩一点酒时，他将余酒摇动并用显微镜检查残留物。葡萄酒本身还没有变苦，但是巴斯德知道，变苦只是时间问题。如果让瓶子里的丝状物成熟，它们就会发挥出自己特有的作用。

巴斯德随后从各个地区的酒中选了一瓶，将它加热至60℃。他把加热过的酒瓶冷却，并与未加热的瓶子一起放入温度在13～17℃的酒窖里（温度根据季节变动）。每隔15天，他将瓶子放在光下检查丝状物的形成。他发现，在不到6周的时间里，所有未加热的酒瓶内都形成了悬浮的沉积物，1863年的葡萄酒中含量最多。另外，在加热过的酒瓶中，没有出现任何沉积物。为了庆祝这个突破性的进展，巴斯德喝掉了所有他没有发现丝状物的葡萄酒。

巴斯德的实验挑战了当时流行的发酵理论。对啤酒酿造者和葡萄酒商人来说，酿造酒精饮料与其说是科学，不如说是艺术。一个批次的成品好证明了酿造者的技术过人。更具有科学思维的人则寻求对该过程更客观的解释，他们援引了一些可疑但流行的实验结果，相信发酵是一种化学反应。

　　然而，直到18世纪末，发酵的机制在很大程度上仍然是个谜，尽管它的效果已经是公认的还有了恰当的分类。早期观察者记录了醋的乙酸发酵、酸化牛奶的乳酸发酵，甚至腐败发酵。最后一种以腐败肉类、臭鸡蛋和其他腐烂有机物质散发的恶臭为标志。但是他们不知道苹果汁变成醋，或者生牛奶凝结成块的确切原因。

　　出现的少数理论实际上是机械或化学理论。17世纪法国哲学家及数学家勒内·笛卡尔认为，啤酒或葡萄酒桶中的气泡是相互混合与相互替换的力所产生的。18世纪的法国化学先驱安托万·洛朗·拉瓦锡也赞同这一说法，并进一步用数学公式来证明这一理论。他将发酵解释为一个平衡方程与代数式，如果将糖放在天平的一个秤盘上，那么它与发酵后产生的碳酸与酒精的重量之和可以平衡。空气与动作促进发酵，因为它们诱发运动。因此，根据化学家的说法，葡萄必须压碎，面团必须揉捏，啤酒醪液必须捣碎。

　　令人惊讶的是，还有一种流行的理论认为，发酵是通过腐败而不是繁殖进行的。虽然表面上很活跃，但是一桶气泡欢腾的葡萄酒或啤酒却被认为是"死亡"的、腐败的。在麦芽汁发酵的化学变化中，酵母菌自我销毁以帮助啤酒酿造。同样的过程也发生在添加了醋的葡萄酒中。尽管流行的理论有各种版本，但有一条不变的准则：发酵是一种化学反应而非生物学现象。任何否定这一准则的人，可能会被认为是执迷不悟。

　　但是，巴斯德不会否认他的实验所揭示的结果：发酵有生物学的原因。

他的研究发现使他与化学发酵理论最伟大的拥护者尤斯图斯·冯·李比希（Justus von Liebig）产生了分歧。李比希是慕尼黑大学的化学系主任、法国科学院院士、英国皇家学会与几乎所有欧洲和美国的重要学术组织成员，此外还是一位男爵。他曾经历了所谓的"无夏之年"的 1816 年全球大饥荒，这段经历让他有了明显的实用主义倾向。他开始对化学感兴趣，那时化学与炼金术和其他神秘技艺有着密不可分的联系。

李比希试图将这门年轻的科学从这种联系中解放出来，并赢得它应有的尊重。正如他在贫乏的年轻时代所学会的那样，将化学用作解决社会和工业问题是一条可行之路。他发明了在 1870 年普法战争期间提供给普鲁士军队的块状牛肉汤。他还发明了化肥，提出了先进的重要营养学理论。事实证明，他的贡献不仅有革命性也有持久性，这些贡献使他童年时的饥荒成为西方世界最后一次大型自然生存危机。然而，尽管他学识渊博，他依然认为巴斯德的酒精发酵理论的出现是爆炸性的。

李比希对过时理论的坚持与他帮助监管的德国醋产业息息相关。在李比希时代，传统的"山毛榉木刨花法"制造的醋占主导地位。在这种方法中，制造者将葡萄酒或啤酒滴在堆有一层层山毛榉木刨花的大木桶里。木桶上的洞提供空气，当酒通过木头流出来，制造者就认为醋酿好了。李比希相信该制作方法要归功于刨花的干腐作用，以及酒精暴露在环境中氧气里的作用：液体中所含的氢的三分之一被抽出，最终形成了醛。醛反过来与氧结合并转化成醋酸。刨花充当多孔体，而醋是由直接氧化形成，木头的多孔性是唯一的动因。李比希相信，醋的产生过程是一种不完全氧化，与生物现象无关。

巴斯德质疑李比希的理论。1861 年，巴斯德参观了奥尔良市的制醋工厂，亲自观察醋的制作并判断它是否需要改进。一种被称为鳗蛔虫（eelworm）的线虫可能使醋被污染，制造商认为这种虫对生产工艺很重要。巴斯德观察到醋桶过滤不佳，推测这种状况会促进不良生物的生长从而损害有益生物。"醋之母"——在液体表面形成的凝胶状的有益生物物质，是成功发酵的重要因素。使"醋之母"暴露于空气中，制醋过程就可以继续；将它浸入液体之中则该过程停止。巴斯德对自己的结论很自信，他申请了一项专利，即醋生膜菌（*Mycoderma aceti*），这种形成"醋母"的细菌是使葡萄酒变成醋的唯一原因。

巴斯德向李比希分享了他的研究发现，即山毛榉木刨花能够助力醋的酿制，是因为它为独自完成制醋工作的醋生膜菌生物体提供了栖息地。这位年长的化学家表示怀疑，敦促巴斯德自己在显微镜下观察山毛榉木刨花。另外，巴斯德也让李比希寄一些刨花给法国科学院，那里的成员将解决这个问题。

李比希一直没有回应。巴斯德认为，这样反而更好，这种固执的沉默只会更加损害德国的经济。普法战争的失利也许使法国人蒙羞，但是不影响他们在啤酒与葡萄酒酿造业取得巨大的胜利。

巴斯德也有了一项重要发现，微生物可以决定国家的命运。他写道："当我们看到啤酒与葡萄酒因为接纳了微生物而经历的巨大改变，我们很难不被一种顾虑影响，即类似的事可能，也一定会发生在动物身上。"从 1870 年开始，巴斯德将他在发酵研

△
尤斯图斯·冯·李比希，德国的先驱科学家。尽管坚持过
时的理论，但他仍然推动了化学领域的发展。他曾相信用
腐败作用而非繁殖可以解释发酵的现象。

究中的所有成果都应用于对抗一些当时最具破坏性的疾病，如狂
犬病和炭疽病。而食品工业也从他的研究中获益，持续地完善大
规模生产发酵食物的方法，从而改变了人们的饮食结构与方式。

1877 年 1 月，丹麦啤酒酿造师雅各布·克里斯蒂安·雅各
布森（Jacob Christian Jacobsen）被巴斯德的理论迷住了。雅
各布森认为，巴斯德撰写的一篇关于啤酒生产中的卫生问题的论
文，是解决他的酿酒厂成批啤酒变臭、变酸问题的关键。雅各布

森的商业野心使他根本无法接受这种腐坏带来的损失。他钻研以工业化规模酿造啤酒的方法，并销售给他的同胞们，因为丹麦人开始像法国人一样喝啤酒，酒精饮料的消费量达到了前所未有的程度。雅各布森迫切地想要满足这种需求，他给哥本哈根大学的亚帕图斯·斯滕斯特鲁普（Japetus Steenstrup）写信。在信中，他向这位优秀的教授询问是否有人熟悉巴斯德的技术。斯滕斯特鲁普确实认识一位，这个人就是埃米尔·克里斯蒂安·汉森（Emil Christian Hansen）。

汉森的父亲是酗酒的退伍军人，母亲是洗衣工，而他是一位倔强的梦想家，早年还曾希望成为一名演员。当演员的职业道路走不通时，他进入一家食品杂货店当了学徒，却因为太不守规矩而被解雇。之后他学习室内绘画然后是肖像画，但美术学院一纸拒绝录取的通知，断送了他在肖像画领域发展的未来。他想像父亲一样成为一名士兵，并加入意大利民族主义者朱塞佩·加里波第（Giuseppe Garibaldi）的军队，但又因为想要去教书而放弃了当兵的想法。汉森坚持做了一段时间的老师，直到受到一位当地植物学家的鼓励，他决定去哥本哈根大学攻读自然历史学位。在那里，他开始痴迷于微生物研究，他以 E.C. 汉森为笔名给杂志撰写故事来补贴微生物研究工作的费用。后来，他将英国自然学家查尔斯·罗伯特·达尔文（Charles Robert Darwin）的《比格尔号航海日记》翻译为丹麦语。

汉森的一篇关于哺乳类动物粪便上生长的真菌的论文获得了金奖，这使他确信他找到了归属。他在彼得·卢德维格·帕农（Peter Ludwig Panum）教授的实验室继续研究发酵生理学。

▷
这是在自己实验室里的埃米尔·克里斯蒂安·汉森。正是在那里，他对微生物性质与行为的很多重要研究，促进了工业规模化啤酒酿造技术的进步。

当进行这些研究的时候，他听到雅各布森在寻找一位科学家来研究酵母的消息。汉森认为自己可以成为那位科学家，但是他必须首先完成关于啤酒里发现的微生物的博士论文。他的研究以巴斯德前几年的工作成果为基础，其发现将使酵母在工业化啤酒酿造中的应用发生了革命性的变革。

　　几个世纪以来，酵母的神秘程度略次于细菌。酵母一词来自古英语的 gist（有时作 gyst），其印欧语系词根 yes 的意思是煮沸、泡沫或气泡。尽管人们很久以前就意识到了酵母的存在，并早早地将它用于啤酒酿造与面包烘焙，但它的生物机制仍然是个谜。关于酵母在食品与饮料方面的拓展应用，都是不断摸索着进行的。17 世纪末期，荷兰商人安东尼·范·列文虎克（Antonie van Leeuwenhoek）首先辨识出了酵母细胞。他通过自己制造的复合显微镜观察一滴啤酒时，发现了一些物体，其中一些"很圆"，而另一些"是不规则的，而且有些在尺寸上远超其他的"。他进一步观察，发现有些似乎是由"二个、三个或四个……微粒一起"构成的，而其他的则"有六个小球体组成了一个完整的酵母菌球体"。

啤酒中发现的这种球体，无疑宣告人们对酵母的理解取得了进展。但是这并不意味着人们知道这些球体存在的原因。当科学家们继续被这个问题所困扰时，啤酒酿造商们已开始实践各种理论。在 1762 年的《啤酒酿造的理论与实践》一书中，英国酿酒师迈克尔·康布龙（Michael Combrune）略带困惑地宣称，"混合物中粒子有合理的内部运动，通过这种持续的运动，粒子逐渐地脱离其以前的状态，并且在一些可见的分离之后，以一种不同的顺序与排列结合在一起，从而构成了一种新的化合物"。对他来说，发酵是一个延伸向永恒的过程，是一种无休止的运动。"这种运动很明显，在液体变清澈后依然持续，每一次运动磨损都是发酵的继续，"康布龙总结道，"似乎这些微粒缩小得越微小，味道就越刺激，它们在人体内的迁移就越容易。"

更加令人困惑的是，酿造啤酒需要酵母，而酿造葡萄酒则不需要，葡萄酒似乎是一种能自行发酵的饮料。康布龙尝试通过以下方式来解释这种不同。他假设，在葡萄酒发酵过程中，它具有足够的初始热量调动起各种必需的粒子，而在啤酒的发酵过程中，它要通过煮沸与烘烤来接收热量，除去麦芽汁里的空气，因此需要酵母菌作为催化剂。康布龙认为，酵母应该分阶段添加，这样"空气气泡同时爆裂，来阻止自然状态下逐渐爆裂的行为"。虽然他相当深奥的解释并没有消除这种困惑，但这确实代表了一次真正意义上的尝试，发现特定食物与饮料需要特定微生物的原因的尝试。

当18世纪"让位"给19世纪，这些尝试增加了。理查德·香农（Richard Shannon）在《1805年啤酒酿造实用论文》一书中写道，发酵是"在水分充足的情况下，可发酵物质的成分分解与重组的方式"，一种"与呼吸作用有关且……显然是燃烧的低等形式"的方式。与此同时，威廉·罗伯茨（William Roberts）对调查作出了务实的评估。在他出版于1847年的《苏格兰艾尔啤酒酿造师》一书中，他称发酵"是奥秘，所涉及的原理仍然是一个未被突破的障碍"，然后继续抨击"那些武断地自称已经'涉猎'这一难以捉摸的复杂课题的人"，因为他们的理论已经证实了"他们的无知和傲慢程度"。

直到1835年，才出现了关于发酵的准确描述。同年，法国机械工程师查尔斯·卡格尼亚德·德拉图（Charles Cagniard de la Tour）通过一台显微镜观察到发酵过程中酵母经历的变化。他所看到的使他认为，酵母是一种类似植物的有生命的微生物，可以引起酒精发酵。两年后，一位有影响力的德国科学家西奥多·施旺（Theodor Schwann），在证明酒精发酵是酵母活物质的结果后，得出了相似的结论。他准备蔗糖溶液，并向其中引入两种空气：一种是他事先分离出来的加热过的空气；另一种是他从周围环境吸取的空气。当他引入加热过的空气后，溶液没有发酵。当他引入环境空气后，溶液发酵了。此外，他还目睹了酵母出芽并观察到"一个细胞中有多个细胞"，或孢子的形成。简言之，他窥见了一种负责制造许多受欢迎食物的微生物的生物学活动。施旺给这种微生物取名为 Zuckerpilz（糖菌）。

　　卡格尼亚德·德拉图和施旺的理论只是众多理论中的两种，而且他们不得不与那些认为发酵仅仅是化学过程的人抗争。被生物化学家阿瑟·哈登（Arthur Harden）称为"化学世界的独裁者与仲裁人"的瑞典伯爵永斯·雅各布·贝采利乌斯（Jöns Jacob Berzelius），相信酵母在发酵过程中的作用，但是正如他所写，他认为酵母"和一堆氧化铝的沉淀比起来不过是活的生物而已"。贝采利乌斯认为酵母是一种"催化力"，它们"仅仅通过存在而非喜好，就可以使物体唤起在实验温度下通常不活跃的'亲和力'，使复合体的元素以某些不同的方式排列自己，从而获得更大程度的电化学中和"。换言之，酵母使酒精的产生加速，其自身并不产生酒精。

　　在这一领域陪衬巴斯德的李比希，也将发酵视为化学过程。他相信，这个过程引发糖中的碳转化为二氧化碳和酒精，通过"使含糖的植物汁液接触空气（其中包含汁液中所有含氮化合物的氮）"产生的电荷实现。氮积累的不稳定性触发了"糖的类似不稳定性，因此发酵"。他认为这是分解的产物，而非活体生物进程所导致的一种转变。尽管李比希的论点得到了一些认同，但是到了 19 世纪中叶，大部分科学家开始赞同卡格尼亚德·德拉图的观点，即酵母是活的而且对成功酿造啤酒至关重要。

▷
永斯·雅各布·贝采利乌斯在当时新兴的化学领域里地位显赫。他认为存在于各种发酵食物和饮料中的酵母，在发酵过程中起着催化作用，而不是动因。这一观点是当时化学家的主流观点，后来被巴斯德与汉森各自强有力的研究发现推翻。

　　巴斯德在其 1860 年关于酒精发酵的论文中继续阐述这一观点。他写道："发酵的化学作用本质上是一种与生命活动紧密相关的现象，与生命活动一同开始并终止。""我认为，如果没有细胞的同步组织、发育、增殖，或已经形成的细胞的持续性生命，那么酒精发酵永远不会发生。"对巴斯德来说，没有生命就没有发酵，在啤酒中的生命就是酵母菌。

　　虽然支持巴斯德的科学家们把酵母菌当作一个单数实体来讨论，但是作为微生物的一个类别，它实际上由许多种类组成。尽管巴斯德认识到了这一点，但是他从未尝试分离这些生物或对它们进行生物学分类。他在自己关于啤酒疾病的回忆录中写道："我从来没有为这些不同的酵母菌起过具体的名字，也从未给曾经研究过的其他微小生物体起名。"

　　然而，巴斯德自己也要费神分辨那些他认为导致啤酒变质的微生物。这一任务完成后，他开始尝试培养一种他自认为的酿造啤酒用的纯酵母菌株。他带着显微镜去找一些对自己的波特啤酒质量不满意的啤酒酿造师们。他向啤酒酿造师们展示"变质后的啤酒中存在的丝状物"并解释变质要归咎于酵母菌种。要想酿造品质好的波特啤酒，需要保持菌种的纯粹。"这一方法证明了啤酒永远不会产生不愉悦的风味"，他写道：

　　　　只要所谓的酒精发酵不与外来发酵制品产生关联。这也同样适用于麦芽汁，如果麦芽汁的保存条件可以使它免受微小寄生生物侵入，那么即便是容易变质的麦芽汁也可能保持其纯净的状态。对微小寄生生物而言，麦芽汁不仅是适宜的营养来源也是其发育繁殖的场所。

　　事实证明，巴斯德培养啤酒酵母菌的方法并不适合完全纯净的培养。他用无菌仪器将一点培养物转移到无菌的液体培养基中。如果培养物蓬勃生长（培养管中的浑浊度可以作为指示），他再将它植入另一无菌培养基中。巴斯德相信，在重复足够的次数后，该过程可以得到某一类型微生物的纯培养。他在显微镜中观察到的似乎也证实了这一点。然而，纯培养总要依靠不能言说的运气。今天我们称其为"富集菌种"，它们可以为啤酒增加酒体、气味或风味，但是这种偶然性使它们并不适合用来创造一个啤酒酿造的帝国。

要分离出一种征服世界的啤酒酵母，不得不等待汉森的成果。汉森将巴斯德关于细菌污染的研究向前推进了一步，得出了两个重要发现。首先，两种酵母菌在合作进行啤酒酿造。其次，侵入的野生酵母可能破坏发酵制品。汉森进一步观察到，每一种酵母菌株在生理学上都是独一无二的，即便它可能看起来非常像另一种菌株。与汉森一样，巴斯德也注意到这一点。然而和汉森不同的是，他没有费心去研究其中的含义。汉森推测，两种大小、形状和颜色完全一致的微生物可能引发不同的化学反应。考虑到这一点，他着手研发各种酵母菌菌株的分类与鉴别方法。

他的工作面临着一个真正的挑战——肆无忌惮的交叉污染。嘉士伯啤酒厂工人们的日常工作让他深刻地意识到了这一点。他记录道："用过的酵母被泼洒在院子里，或者通过工人们的靴子带进发酵窖中，或者就在外面干燥成灰尘，被风吹进冷却盘里。"麻烦从此开始了。最初酵母发育缓慢，因此大量野生酵母在种酵母（pitching yeast，已经加入了酵母菌种的麦芽汁）中积累下来，污染了整个批次。汉森写道："从那以后，酵母就以猛烈的速度发展，很快酿酒厂所有的啤酒都会被感染。"

在啤酒厂的实验室中，汉森抑制住了快速获得纯培养来解决问题的渴望。他在无菌环境下的潮湿房间内，将一滴酵母悬浮液放在带有血球计数板一样刻度的玻璃盖下。如果滴液中含有 20 个细胞，那么他就在 40 毫升水中加一滴同样大小的悬浮液。然后他将这个稀释了的悬浮液的 1 毫升样本，引入多个装有无菌麦芽汁（未发酵啤酒）的烧瓶中。他不干扰这些烧瓶，让其中的少量细胞（可能不超过三个）沉入烧瓶底部的不同位置。几天之后，细胞的生长变得明显。如果汉森观察到只有一个细胞生长，他便认为自己已经分离出了纯培养。

汉森使用的是液体培养基，这通常很难控制。幸运的是，知名的德国细菌学家罗伯特·科赫（Robert Koch）找到了一种更简单的方法。他想要研究在营养液体培养基中迅速生长的细菌，但是这种培养基很难使用，于是科赫想出了一个解决办法。他发明了一种将营养培养基从液体转变为固体的方法。这是一项真正的突破，该方法适用于所有微生物，而且可以简单地制作出纯培养，几乎任何人都可以复制出来。此外，它还有其他的应用，例如评估各种样本，如空气、水、土壤和食物中发现的微生物的数量与种类。

这一方法的"秘密武器"是银盐。科赫用它代替汉森与其他人使用的营养培养基。为了防止污染，他把无菌盘放在钟形罩下。他用针或者铂丝接种，将接种物播于整个培养基的表面。科赫让细菌逐渐发育，然后将其从各个菌落转移到塞满棉花且装有胶质营养物的试管中。科赫的方法如此新颖，虽然巴斯德仍被自己的祖国战败给德国而痛心，但是巴斯德还是不吝赞许道："这是一个伟大的进步，先生。"

　　科赫于 1881 年公开发表了一篇关于该方法的论文，这篇论
文成为"细菌学的圣经"。科赫批评"巴斯德学派"的方法不准
确，他坚持道："这使得人们怀疑他们是否获得了狂犬病、绵羊痘、
结核病和其他的生物体的纯培养。"他声称，"纯培养是所有传
染病的研究基础"。很多人记住了他的话。1882 年，汉森拜访
了科赫的柏林实验室以改进他自己的方法。利用此次拜访获得的

▷
这是罗伯特·科赫在
自己的实验室中工作
的照片。这位德高望
重的德国科学发明家
的一种便捷的纯培养
方法，使人类在细菌
学领域取得了重大
突破。

知识，汉森在保存在玻璃盖下、含有良好分离细胞的固化胶质上培育出了菌种。他只使用从单个细胞发展出的菌落来接种无菌培养基。

现在，嘉士伯啤酒厂饱受苦味啤酒困扰的日子快要结束了。因为汉森已经从啤酒厂培育出几种纯酵母菌株，并很快找到了"罪魁祸首"，他称之为巴斯德酵母（*Saccharomyces pastorianus*）。嘉士伯啤酒厂的酵母，大约是 40 年前从狮百腾啤酒厂引入的，已经被一种外来的菌株污染，该菌株与附近一座果园的样本相符。早期的研究表明，一些酵母菌菌株可能发酵出难喝的成品，于是汉森开始进行对纯培养的形态学与生理学研究。在特定温度下孢子形成所需要的时间，暴露了不理想菌株的存在。他还指出了其他的典型特性，例如膜形成的条件、对不同碳水化合物的反应，以及发酵结果的差异。根据这些特性，他从嘉士伯啤酒厂的酵母中分离出了四种酵母菌菌株。其中只有一种能生产出味道始终如一的美味啤酒，它被称为"嘉士伯底部酵母 1 号"。最终，纯培养实现了，这将使啤酒酿造厂为了稳定的生产并避免产生不好的菌株而将酵母菌标准化。

雅各布森在汉森工作上的投资获得了丰厚的回报。1883 年 11 月 12 日，老嘉士伯啤酒厂用新的纯菌株酿造了第一批啤酒。到 1884 年，约 2 千万升的啤酒中都含有汉森的纯菌株酵母。啤酒的质量很好，足以满足国内外需求。雅各布森很自信，他对外提供免费的酵母样品，这些酵母代表了他啤酒的品质。这个行动可能是个糟糕的商业决策，因为这让啤酒酿造行业前所未有地活跃起来。到 1888 年，丹麦、挪威、瑞典、芬兰、瑞士、意大利、

▷
这是马车向丹麦哥本哈根市内及附近的客户运送桶装嘉士伯啤酒的场景。由于微生物学家埃米尔·汉森的突破研究，啤酒厂的厂主能够为国内外的市场提供可靠的高品质啤酒。

法国、比利时等欧洲国家和北美洲各国，还有亚洲、澳洲和南美洲，几乎所有的主要酿酒厂都在使用嘉士伯的底部酵母1号。

汉森的事业也开始蒸蒸日上。这位"梦想家"的人生，从照顾醉酒的父亲与过度劳累的母亲开始，如今已经有科学家愿意付钱给他以求学习"汉森法"。乌普萨拉大学、日内瓦大学与维也纳技术学院，相继授予他荣誉博士学位。他被国王克里斯蒂安九世（King Christian IX）封为丹麦骑士团丹尼布洛的一名骑士，后来被克里斯蒂安的儿子及继任者弗雷德里克八世（King Frederick VIII）任命为丹尼布洛的指挥官。卡尔·雅各布森（Carl Jacobsen）——嘉士伯啤酒厂创始人的儿子及继任者，赠予他一枚金牌。当他被一场小病带入坟墓时，他的讣告占据了《自然》杂志的一整个版面。

　　技术成为啤酒酿造行业的重要支柱。它"驯化"了酿酒酵母并将啤酒的质量水平大大提高。但是技术代表着巨大的资金支出。那些负担不起机械制冷或蒸汽动力机器的啤酒酿造厂都破产了，只留下缺少了独特产品的市场。例如，荷兰人曾喜爱的几百个啤酒品种，缩减到了几十种。啤酒酿造的巨头惠特布雷德与巴克利帕金斯在英国伦敦崛起，健力士在爱尔兰都柏林发迹。在美国，

◁
这是 20 世纪中叶莱茵金啤的广告海报。这家总部位于美国纽约的工业啤酒酿造厂于 1976 年停产，是众多利用早期在生产方式上的突破为大众酿造拉格啤酒的厂商之一。

总部位于圣路易斯的安海斯－布希占领了市场。颜色深而味道浓郁的啤酒变得不受欢迎，色泽明亮而富含泡沫的啤酒流行起来。后者味道很好，但却显得有些无趣。啤酒酿造师用巴氏杀菌法作为进一步控制发酵的方法，而使用大米和玉米等廉价辅料谷物，也额外打击了新啤酒的吸引力。标准化成为口号。产量增加，品种减少，啤酒悄无声息地变得千篇一律和毫无惊喜。

技术使人们变得更加孤独。19 世纪末开始流行的瓶装技术，为啤酒爱好者提供了在家喝啤酒的选择。跑到酒馆享受一扎啤酒和几小时下班后欢乐时光的借口已经不复存在。到 20 世纪中叶，电视机发出的微光成为许多啤酒爱好者唯一的陪伴。

正如我们即将看到的，技术将成为另一产业的重要支柱。面包，与啤酒一样，当我们对生产它所必需的微生物有了更多的了解，它便从家庭制作的食物变为了商业产品。

第三章

"烤炉崇拜"：面包及其制作方法

"一个面包，"海象说，"是我们最需要的。"

—— 刘易斯·卡罗尔《海象与木匠》

汉森发明的方法，使得在 1880 到 1900 年有 130 余种酵母菌被记录下来。这些知识革命性地改变了葡萄酒、啤酒、面包及其他食品的生产制作。然而，这场变革也遇到一些阻力，某些人认为面包里的酵母菌是危险的，甚至是致命的。他们一边警惕着这些活的膨发剂，一边寻找着可以用来代替酵母菌的非活体膨发剂。

埃本·霍斯福德（Eben Horsford）就是这样一位酵母恐惧者。1847 年，霍斯福德在哈佛大学建立了美国第一间分析化学实验室。那时，他致力于研究科学的实际应用，带着他的学生参观当地的玻璃工厂、肥皂厂、炼油厂和其他工业生产场所。尽管如此，他仍然觉得自己的工作时常令人窒息。因此，他在等待去别处工作的机会。

1854 年，霍斯福德开始跟乔治·威尔逊（George F. Wilson）与达根（J. B. Duggan）一起做生意，这两人都来自罗得岛州的普罗维登斯，他们擅长制作泡打粉。1855 年，在罗得岛州普莱曾特谷，威尔逊、达根与伙伴公司建立了一家工厂并开始生产，霍斯福德就是那位"伙伴"。

霍斯福德的科学方法来自他的导师，那位曾经与巴斯德激烈争论，势如破竹的李比希。霍斯福德在 1844 年到 1846 年间跟随李比希学习，那时他是第二位进行该研究的美国人。这段经历让霍斯福德印象深刻。他的导师告诉他，化学的最大作用是用来改善人类的境况，工厂比大学实验室更适合发挥化学的作用。

霍斯福德颇具商业才能。1856 年，普莱曾特谷的工厂开工那年，他获得了一项制造磷酸二氢钙的专利。磷酸二氢钙是一种用来替代泡打粉中酒石的化学物质。他将磷酸二氢钙与碳酸氢钠（小苏打）混合，并将它命名为"酵母粉"，尽管其特性跟酵母没有任何相似之处。

霍斯福德是故意用这个容易混淆的名字的。跟李比希一样，他认为酵母及所有微小真菌都非常危险。在 1861 年的一篇名为《面包制作的理论及艺术》的著作中，他主张化学膨发剂优于天然膨发剂。他写道："各种形式的酵母中都存在微生物，它们是腐败的伴生产物。"此外，他继续写道："不难设想，逃脱了高温烘焙的发酵制品及酵母菌株，在进入身体后可能产生不良影响。"一个看似美味的面包里可能藏有数以百万计的令人不快的"腐败躯体"，而且除了彻底不食用之外，没有办法杜绝面包中出现的微生物。

　　对生物膨发剂越来越忧虑的人，成为霍斯福德的化学替代品的现成客户群。一场卫生革命开始了，威尔逊、达根和伙伴公司从中获利。这家公司的收益如此之高，以至于负责人感动到为它

▷
埃本·霍斯福德，哈佛大学化学教授。他相信酵母是有害的，因此最好避免在面包或类似的食物中使用酵母。为此，他一离开学术界，就发明了一种化学替代品——泡打粉，并和两位合伙人建立了拉姆福德化工厂。

改了名字。公司在 1858 年被更名为拉姆福德化工厂，并一直用
这个品牌名称生产泡打粉。如今，这款产品依然在超市的货架上
大放异彩。

　　拉姆福德的竞争对手也通过制造恐惧来营销。罗亚尔泡打
粉是另一个该行业的主要品牌。他们非常努力地让公众相信，
化学发酵的面包不仅能让他们远离疾病，还能够帮助他们节约
时间。罗亚尔在笑话集、涂色本、歌谱、镇纸和陶瓷盘子上传
递着这一信息，其中最有效的要数在其自有食谱书里的宣传。
例如，《罗亚尔面包师和甜品师》中表达了该公司对酵母的
观点：

　　　　面包最初是无酵母的，厚重又密实。然后人们发
　　现了酵母，酵母发酵的面包开始进入整个文明世界。
　　最终，泡打粉被发明了，它是所有发酵剂或膨发剂中
　　最健康、最经济、最方便的。

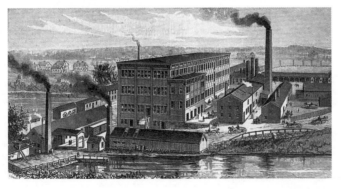

◁
这是拉姆福德化工
厂,最初名为威尔逊、
达根与伙伴公司。这
家公司利用了当时酵
母是面包中的有害污
染物这一观点，来刺
激人们对其人造替代
品——泡打粉的需求。
在现今超市货架上，
它依然热销，也证明
该品牌获得了持续的
成功。

▷
这是普莱斯泡打粉工
厂自有食谱书的封面。
出版这类食谱书能为
制造商提供将产品带
入公众视野的机会,
同时把用产品替代天
然酵母正当化,而天
然酵母常常在书中被
妖魔化。

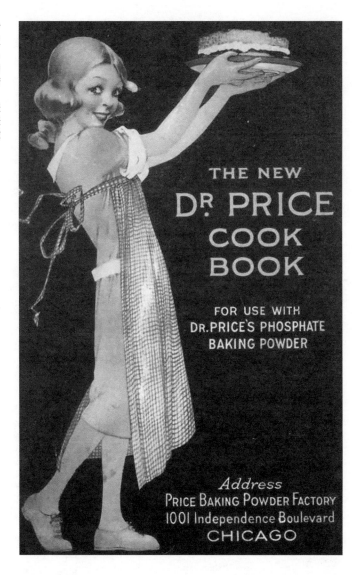

书中还写到泡打粉的古老前身，"酵母是一种活的植物"，"与面团混合后使其发酵并在发酵过程中破坏一部分面粉"。然而，泡打粉的作用"完全相同"且不会破坏面粉。此外，"不用手搅拌或揉捏，不用为发泡静置过夜，面包一旦混合好就可以马上放入烤箱"。家庭面包师用泡打粉更有营养更便利。

泡打粉厂商对酵母的抨击，正中家庭面包师们的要害，他们寻找各种理由远离天然发酵的面包。与大多数有生命的物质一样，酵母需要特定的生存繁衍条件。酵母的发酵过程会耗费更多时间，并且需要面团具有一定弹性来容纳它制造的二氧化碳，这意味着需要多揉面来产生面筋。相反，泡打粉则让面包师们无须面对这些困扰。泡打粉是化学性的而非生物性的，其效果可控且可靠，通过发生在碳酸氢钠与酸性盐之间的酸碱中和反应，释放出二氧化碳气体来膨发面团。这意味着它可以膨发脆弱的、快速混合的面团，而成品轻盈又无须费力。考虑到卫生和便捷性，泡打粉颠覆了已有数千年历史的面包制作方式。

便捷又可控，泡打粉使面包制作中酵母存在的必要性受到了威胁。尽管几个世纪以来，人们要想让面包膨起，那么酵母是必需的。不能否认，与使用任何有生命的原料一样，用酵母发酵是个精细的工作。因此，我们应该思考这种原料的本质、特性，并将它与面包师掌握的技能联系起来。

简单地说，酵母菌是一种通过出芽进行繁殖的卵形真菌细胞。它是没有鞭毛、不能自行移动的单细胞生物。它的直径非常小。

它与我们也有一些共同之处。与人类一样，酵母菌是一种真核生物，细胞核内含有脱氧核糖核酸。但是相似之处也仅止于此。当酵母菌以糖为食时，每个细胞膨胀一两个小时，然后从表面挤出一个芽体。母亲生下了女儿，两人都留有出生疤痕。这是一种拟人的描述。酵母菌既非男性也非女性。在繁殖过程中，两种没有性别且外观一样的酵母菌，形成释放出独特化学引诱剂的芽体。简言之，酵母菌细胞通过嗅觉找到正确的繁殖伙伴。

使面包膨胀、让啤酒产生酒精的酵母菌，往往比那些从事"卑微"的垃圾分解、营养物循环工作的酵母菌更占上风。与细菌一样，它们是分解者，而且无处不在。估计有 1000 万亿酵母菌存活在世界的河流中，更多的活在湖泊里，最多的在海洋中。

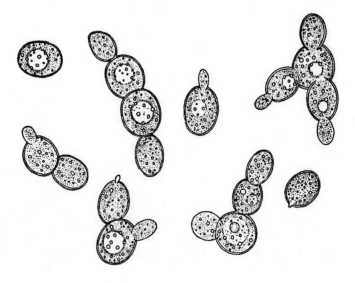

▷
这是繁殖中的酵母菌细胞。若干细胞上明显的小凸起就是子细胞，也被称为芽孢或芽体。它们会发育成为继续产生更多后代的酵母菌细胞。

的确，酵母菌在任何地方都可以安家，如鱼的内脏、深海淤泥、沉没的船，甚至切尔诺贝利荒废的核反应堆的墙上。树叶上也长满了酵母菌。某种特定的酵母菌只生长在毛丝鼠的胃里。其他那些不那么特殊的种类，生长在奶酪、香肠、尸体和土壤中。它们喜欢雾蒙蒙的天气，因为湿气可以让它们更容易"旅行"。一些科学家猜测，酵母菌与真菌孢子一起会刺激降雨。

酵母菌也以我们人类为家，长在我们的头皮和脚上，活在我们的鼻孔和耳道里。这种关系从我们出生就开始了。我们来到这个世界时，身体有时会被有害的假丝酵母菌（Candida）菌株定植：母亲的产道会在我们通过时用大量的菌株将我们包裹住。这就是新生儿有时嘴里长出白色酵母菌的原因。随着婴儿微生物组的调整，这种酵母菌的斑迹会消退但酵母菌不会消失。确切地说，假丝酵母菌会被定植在人体内的有益微生物控制起来。当这种平衡被打乱，结果可能很危险：作为一种四处寻找机会的酵母，一种假丝酵母菌菌株会引起从腹膜炎、腹腔脓肿、心内膜炎和脑膜炎，到肝脏与血液感染及关节炎等各种疾病。

酵母菌可以在条件允许的任何地方生长，包括人的内脏。在

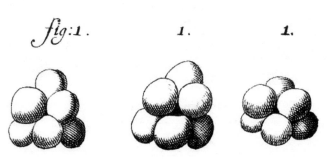

◁
这是安东尼·范·列文虎克画的酵母菌繁殖草图。这位 17 世纪荷兰的镜片制造商，他发明的显微镜发现了一个人类看不见的小到难以察觉的生物领域，从而在科学理解层面引发了一场革命。

2010 年，一位美国得克萨斯州的 61 岁男性进了医院急救室。他看上去是喝醉了，血液中的酒精含量高达令人震惊的 0.37%，但他自称没有喝酒。事实上，他经常无缘无故地醉酒。如果他错过一顿饭、一次锻炼或前一晚喝过酒，症状就更为频繁地发作。他的妻子是一名护士，会定期检测他的血液酒精含量。他体内的酒精含量有时会高达 0.33% 或 0.4%，远远高于美国法定驾驶限制的 0.08%。是酿酒酵母，酿造啤酒和烘焙面包用的酵母，击倒了这位可怜的得克萨斯人。多年前的一个抗生素疗程，使他体内能控制酵母菌的微生物所剩无几，之后高浓度的酵母菌感染了他。侵入的酵母菌将他摄入的食物中的糖发酵成酒精和二氧化碳。简言之，他的消化道变成了一座啤酒厂。低碳水化合物饮食和一个疗程的抗真菌药物治疗最终缓解了他的病痛。

酵母菌对繁殖的渴望并没有逃过人们的注意。一些敏锐的人们觉察到，从准备放入烤箱的面包上修剪下来的一小块面团，能够导致其加入的任何新面团也开始冒泡。人们进一步注意到，一旦酵母菌"站住了脚"，比如在面包面团、葡萄汁或者啤酒麦芽汁里可以规律地获得一定数量的新鲜培养基，它就将继续世代发挥它的"魔力"。面包制作从此就与吃饭和睡觉一样，变成日常生活的一部分。

埃及人最早将发酵用于喂养不断增长的人口。他们培育出一种易于脱壳的小麦品种（较早的野生品种需要烘干才能脱去外壳），这样面粉在分酵时会结合在一起。然而要到达该阶段需要人们付出艰苦的劳作。面包通常意味着大量的劳动力。女人、奴隶和俘虏负责碾磨谷物的工作。长时间的苦差留下了印记：这一时期出土的骨骼上，可以看到因长时间从事该工作而导致腿骨出现蹲踞小面（squatting facets）。后来手推旋转石磨的发明与使用，使这项工作轻松了一些。但是它仍然是一项费力的工作。揉面也需要大量的体力劳动。死于公元前 1156 年的拉美西斯三世（Ramses III）的墓中浮雕显示，两名男子用他们的脚揉面，同时用长棍保持自己身体正直。

　　埃及面包的种类繁多，令人印象深刻。在新王朝时期，埃及人可以在 40 多种不同的面包中进行选择。富人吃白面包，他们

△
这是描绘古埃及面包制作者的浮雕，他们的姿势展现了职业特点。尽管这项劳累的工作给他们的身体留下了持久的影响，但是他们还是设法将品种多样的产品推向了市场。

会用芝麻、黄油和水果给面包调味。穷人吃黑面包，黑面包通常是大麦做的，朴素无调味。除了小麦和大麦，二粒小麦、斯佩尔特和一种被称为蜀黍（dourah）的小米也被用于制作面包。有些面包像纸一样薄，另一些则又厚又大。

人们对制作与烘烤面包进行持续地改进和投入，表明了面包在埃及社会中的绝对中心地位。面包不仅是主食，更是君主权利的象征，他（或她）将面包分配给那些不怎么制作面包的人。奴隶、农民、牧师和武士都吃面包。面包被用来支付建造基奥普斯金字塔的工人的工资。在12到18个小时里，工人们一直在搬运大块的石灰岩，他们最终会收到3条面包、2杯啤酒及一些洋葱和萝卜作为报酬。表现得勇猛的人可以赢得额外的面包。传说中的英雄德迪（Dedi）每天都会获得500条面包和100罐啤酒。而且，当时的习俗会确保乞丐都不会空手离开。一句埃及俗语说道："当别人站在附近时，如果不准备给他面包就不要吃面包。"英明的法老们会在预见到贫乏年景时提前囤积面包——这是一种方法手段，既可以防止他们失去权力，又可以防止他们失去挨饿而死的臣民。

埃及人知道面包的重要性，罗马人则理解面包师的重要性。根据老普林尼的记录，专业面包师在公元前2世纪就在罗马确立了社会地位。希腊人、奴隶、自由民与其他处于罗马社会边缘的个人组成了一个手工行会，以公共晚餐的形式提供陪伴，更重要的是帮助抵御财务崩坏。事实上，工会成员通常都很成功。面包师马库斯·韦尔吉利乌斯·欧里萨切斯（Marcus Vergilius Eurysaces）的墓，是自由民墓中规模最大、保存最完好的一座，

△

这是一幅罗马面包师欧里萨切斯陵墓里的浮雕图。面包行业使处于罗马社会边缘的个人能够获得尊重，并享受团结和互助带来的好处，这些都要归功于面包师行会的蓬勃发展。

装饰了大量描绘他职业特点的浅浮雕。其中一幅浮雕描绘了一头驴拉着竖直立在陶制容器上的桨。另一幅中，一名拿着出炉铲的面包师从球形的炉子中取出面包。还有的浮雕描绘了面包被堆起并称重的画面。欧里萨切斯能够为自己和他的职业绘制这样的浮雕，说明了面包对罗马社会的重要性。

　　面包既丰富又重要，很少有人能够忍受没有它的生活。穷人有免费的面包，而富人则必须付费（添加的异域风情的原料使它物有所值）。战争也不能使人们放弃面包，士兵们随身携带着便携式的面包制作设备。罗马人祈求或安抚他们的神明，唯恐厄运降临，带来导致面包短缺的事件。他们崇拜福耳那克斯（Fornax），烤炉的守护神，也是他们最崇敬的女神之一。每

年他们都为谷物女神克瑞斯（Ceres）举办庆典，这是一场盛大而优美的庆典，奴隶、女人和孩子都会参加。每个人都参与其中，因为每个人都吃了面包。

罗马人对面包的尊崇在历史上并不是个例。古代希腊人在庆祝他们的春节（Thargelia）时，神明阿尔忒弥斯（Artemis）和阿波罗会收到作为祭品的面包。基督徒认为玷污面包是一种极大的亵渎。而犹太人，虽然他们不进行"烤炉崇拜"，但认为制作出的面包是神圣的恩惠。

面包需要经过磨坊才能到达餐桌。磨坊取代了手工碾磨谷物的女人和奴隶。磨坊的规模和在碾磨中的重要作用，经常让它成为令人好奇的对象，甚至让人产生极大的不信任。野蛮人将罗马磨坊主视为邪恶的魔术师，认为磨坊主从精神上折磨着冲刷着磨坊轮子的水。偶尔发生的磨坊爆炸证实了这种观点，当面粉云达到足够的密度，且遇到磨盘转动产生的摩擦热时，就会燃烧爆炸。

　　然而，很少有人敢破坏磨坊，毕竟磨坊磨的面粉是维持社区的生命支柱。在勃鲁盖尔（Bruegel）1564 年的画作《行往受难地》中，一座磨坊位于道路崎岖的山顶上，磨坊主可以俯瞰一切。虽然磨坊是城镇生活的中心，但它通常矗立于城墙外。正因如此，尽管不可或缺，但磨坊主更像个局外人。磨坊主制作面粉时，大部分是在他的同乡们的视线之外，因此他们从来不清楚磨坊里发生了什么。他们怀疑磨坊主偷了委托给他的谷物，或者多收了

◁
这是描绘一位中世纪磨坊主正在工作的木版画。尽管他不被人信任，但他仍为社区提供了不可或缺的服务。

碾磨谷物的费用。14 世纪的英国诗人杰弗雷·乔叟（Geoffrey Chaucer）让这种劣迹在他的《坎特伯雷故事集》中出了名，他在其中描写了一名朝圣者，是一名磨坊主，"他知道如何偷玉米并按三倍收费，但他却有一根金手指"。他的拇指是"金的"，因为他用手指按住他称量谷物的天平来虚报费用。

在大家眼里，面包师的地位只比磨坊主高了一点点。因为"蛮夷"的入侵和随后黑暗时代的开始，罗马的面包师行会和罗马帝国一起衰落直至消失。然而，中世纪见证了他们的再次崛起。亨利二世（Henry II）的财税卷宗将伦敦的面包师组织记为行会。1155 年，行会被分成两个团体，做黑面包的面包师在一个团体，做白面包的在另一个团体，两者都在城市和乡镇中占有重要地位。13 世纪德国的一本普通法汇编《萨克森明镜》规定，谋杀面包师的罚金是谋杀普通人的三倍。尽管面包师对城镇来说是无价之宝，但是他们却不被市民爱戴。西班牙有谚语说："穷人哭，面包师笑。"像磨坊主一样，面包师们在被怀疑中工作。他们被认为通过出售重量不足或劣质面粉制作的面包来欺骗顾客。

整个欧洲的君主都对中世纪复兴的烘焙行会实施了必要的监督。1266 年，亨利三世（Henry III）颁布的《面包与麦酒法令》规定了城镇和乡村里生产和销售的面包与啤酒的价格、重量和质量。这是英国第一部食品法，它要求面包师在其面包上加盖独特的标记，以便追溯他制作的劣质面包。当他被惩罚游街示众时，这些面包会挂在他的脖子上。违规的面包师还面临罚款，甚至失去烘焙权利。处罚因地区而异。1280 年，愤怒的苏黎世市民将一名面包师放在一个大篮子里，然后把篮子挂在水坑上。这种处罚被称为面包师的"绞刑架"，它只给犯人一条逃跑途径：跳入下方的泥水里。这位面包师为了报复这种侮辱，放火烧了半个城市。据报道，他在犯下恐怖行径时大喊："告诉苏黎世的人，我想晾干我的衣服，从水坑里出来它一直是湿的。"

如果说面包师这一职业滋长了人们的不信任，那么它也孕育了坚持不懈的辛勤劳动。自从古埃及的这个职业诞生以来，学徒们通常要经历持续三到四年的学徒期，之后是另一个五年左右的熟练工期。在这期间，面包师会在城镇之间游历，表面上是为了学习新技术，实际上是为了避免与他的师父竞争。在此之后，无论是做白面包、黑面包、甜面包还是酸面包的面包师，都需要举办宴会招待行会面包师成员们，并宣誓维护该镇现有的面包法令。他要承诺他会一直烘焙足够数量的面包以确保村民们有足够的供给，并遵守有关产品质量和重量的规定。他用辛苦给自己赢得了每天工作 18 小时（面包师是唯一被允许通宵工作的职业）并呼吸粉尘的"机会"。长期吸入粉尘会导致哮喘、支气管炎、膝盖僵硬与萎缩（所谓的"面包师膝"）及一种侵害二头肌与胸部皮脂腺的湿疹。

几个世纪过去后，人们对面包师的看法发生了变化。随着农作物的生产变得更加可预测，粮食变得更加丰富，在某种程度上欺骗的诱惑减少了。20 世纪的英国作家乔伊斯（H. S. Joyce）回忆他父亲的多塞特村面包房时写道："在寒冷的日子里，没有什么地方能比面包房更受欢迎，如果天气确实很冷，那么许多自称与父亲相识的人们，会离开马路，走进面包房享

▷
这是澳大利亚的男士
们在喝茶和吃丹波面
包。丹波面包是一种
由面粉、水、小苏打，
有时加牛奶制作的粗
犷的面包，它是人们
在偏僻的荒野进行长
距离探险时的完美
口粮。

受一下温暖，并在继续他们的旅程前与父亲聊一聊。"然而，漫
长、辛苦的烘焙工作依旧如此。这项工作中的很大一部分内容
是要控制通常不可预测且反复无常的，但又对制作优质面包必
不可少的各种条件。

　　欧洲的面包师们虽然压力很大，但是仍研发了几百个面包品
种。每个村庄和城镇都有自己的特色产品，很多面包是用较早烘
焙时留下的一点发酵的面团制作的。这种面包（实际上是酸面团
面包）有着迷人的香气和味道，复杂而浓郁。其他面包则是用酿
酒厂的酵母制作的，面团缓慢地膨发并散发出精妙的风味。一旦
发酵好，面团会被做成各种形状。瑞士巴塞尔的面包师们常制作
一种星形大面包，而西班牙马德里的面包师们则制作一种用针刺
穿的小圆面包，上面的洞可能是蒸汽的出口。

　　世界上其他地区也制作出了美味的面包，其形状和制作方法与当地条件完美契合。澳大利亚有一种叫"丹波"（一种苏打面包）的面包。埃米尔·布朗（Emil Braun）在他写于 1903 年的《面包师之书》中写道："跪在大自然强烈的寂静中，只有夜晚澳洲野狗狰狞的嚎叫，或白天凤头鹦鹉的尖叫，或袋鼠有节奏的跳跃，能打破的寂静，他搅拌着他的原料。"他用桉树生起火，在他清理过的"丹波床"上烘烤。大约十分钟后，面包就烤好了，这位面包师把它搭配着咸牛肉或鲜羊肉一起吃。

　　气候温暖而潮湿的印度南部不适合烘焙欧洲风格的大面包。在那里，这种面团会膨发然后崩塌，所以不适合操作。在该地区有优势的反而是较小的、以大米为基础的面包。例如，多孔的伊德利米饼（idli），是用大米和去壳的黑豆（black gram，一种本地豆科植物的种子）制成的米糊制作的，它在圆形模具里被蒸制成形。米糊质地黏稠，是因为加入了黑豆，这赋予烘焙出的成品一种有弹性、蜂窝状的质感。与伊德利米饼形成对比的是又薄又脆的多萨薄饼（dosa），这也是用一种含有黑豆和大米的米糊制作的，在放入烧得嘶嘶作响的涂油平底锅里烘烤前，它要经过十到十六小时的发酵。

　　制作伊德利米饼和多萨薄饼的面包师充分利用了他们所处的热带环境。这些面包发酵过的米糊富含乳酸菌及三四种酵母菌，它们都是由大米和黑豆这两种原料引入的。科科（koko）和肯科（kenkey）是两种用类似的工艺制作的加纳面包。高粱、小米或玉蜀黍在水中浸泡一两天，然后做成面团并发酵。面团可以做成浓稠的粥或者烤成面球食用。后者需要将面团塑形，用香蕉叶包裹并煮制。埃塞俄比亚面包英吉拉（injera）的制作过程大致相同。将苔麸（一种原产于该国的谷物）制作成糊，用尔首（ersho，一种在较早烘烤的面糊中形成的淡黄色液体）给面糊续种。接种的面糊发酵两三天后，就可以放在大煎锅上烘烤了。

非洲的家庭面包师很大程度上依靠引子和自发的发酵使其面团膨发，而欧洲的家庭面包师们则依赖来自商业啤酒厂和面包房的酵母，那里啤酒厂和面包房的数量众多。与此同时，北美洲的面包师们则尝试了更多不同寻常的面包发酵方法。因为他们的酵母菌只能通过一些麻烦的方法获得，商业啤酒厂和面包房很稀缺，而除了拓荒者和其他习惯了粗糙面包的人，酸面团酵头几乎不会吸引其他人。由于这些原因，他们发酵面包时，没有固定的方法。而且食谱书也给出了各种各样的方法，"两酒杯酿酒酵母，或者三块自制酵母"。食谱书中的方法可能导致面包做好后吃上去有苦味或酸味，或者有一些其他的缺陷。而一次失败的发酵则代表了一场小灾难，因为面包是饮食的支柱。一个四口之家平均每周消费约 12.7 千克的面包。

对面包的高需求量与酵母的有限供应，激发了美国家庭主妇们在泡打粉出现之前就开始尝试使用化学发酵剂。然而，它们却没能超越酵母。1790 年，佛蒙特州的塞缪尔·霍普金斯（Samuel Hopkins）申请了"改进从草木灰中制取纯珍珠灰的方法"的专利。这是碳酸钾，一种碱液基发酵剂。残留下来的成品质地呈颗粒状，颜色灰黄。霍普金斯申请专利后，一种更精细的版本投放到市场，而人们为了获得农田保证原材料供应充足，原始森林大面积消失了。

由于珍珠灰能为食品带来一种轻盈感与酥脆感，所以它还被用来制作面包之外的烘焙食品。在第一种出现"饼干"一词的出版食谱中，膨发剂就是珍珠灰。它在国外也得到了应用。仅在1792年，美国就向欧洲出口了约8000吨珍珠灰。

珍珠灰与其他化学膨发剂（酸、碱、矿物盐及这些物质的各种混合物和添加剂）并驾齐驱。同样受欢迎的还有鹿角酒（spirit of hartshorn，它在欧洲的斯堪的纳维亚半岛很受欢迎，那里用它制作薄而脆的饼干）。鹿角酒含约28.5%从鹿角中蒸馏出来的氨，成块出售，磨成粉末使用。

进一步改进化学膨发剂工艺的任务落在大公司身上。丘奇＆德怀特公司于1846年将小苏打推向市场，该公司后来成为艾禾美。这种新产品的正式名称是碳酸氢钠，它很快就超越了可能产生不愉悦味道的其他膨发剂，受欢迎程度与珍珠灰相当。十年后，埃本·霍斯福德突然产生了将碳酸氢钠和磷酸二氢钙混合的想法，创造出了我们今天生活中熟知的酵母的化学替代品——泡打粉。

家庭主妇们接纳了霍斯福德的创新。这种膨发剂为他们节约了时间。酵母是一种活的微生物，用酵母膨发是一种生物活动，因此需要管理和照料；而用小苏打、发酵粉或类似物质膨发，则是一个基础的化学问题。薄煎饼、饼干、华夫饼、比司吉、杯子蛋糕、油炸馅饼——这些及更多的食品，现在都可以使用化学膨发剂制作。家庭主妇们再也不必花费数天制作又大又重还占据餐桌数周的面包了（大面包比小面包保存得更好）。即便一时兴起，他们也可以制作并食用这些更小更轻盈的食物。这种膨发剂迅速涌向市场，人们购买起来就像买一双新手套或参加一场嘉年华一样简单。在中产阶级家庭，它们引发了下午茶会或其他节日聚会等新活动，为原本不堪重负的家庭主妇们提供了一种受欢迎的招待方式。

化学膨发剂让人们烹饪与饮食的方式发生了转变。以前，制作食物主要是厨师与特定自然法则及微生物之间的一种合作，这种合作需要长时间的观察才能顺利进行。很少有人强调在烹饪活动或与之相关的其他活动中要避免浪费。

然而，随着18世纪的结束和19世纪的开始，"时间"有了不一样的含义。美国人类学家及社会评论家大卫·格雷伯（David Graeber）写到，随着工业革命的到来，人们开始"像中世纪商人那样看待时间：时间作为一种有限的资产，需要仔细地安排和配置，就像金钱一样"。他继续写道："更重要的是，这一时期的新技术也允许地球上任何人的固定时间被切割成统一的单位，并可以用钱而买卖。"

酵母有着难以预料、性能不稳定且反应缓慢的劣势，将酵母作为膨发剂意味着人们在烘焙上会浪费过多的时间。另外，化学膨发剂可以将膨发加速并标准化，因此让面包师们能够为这项任务分配准确的时间。随着格雷伯笔下的中世纪商人的心态普遍被理解，穷人开始以新的视角看待他们的困境。时间就是金钱，那些既没钱又没时间的人会担心，任何无利可图的活动只能加深他们的困境。

1877年，美国政府把土著祖尼人从他们祖先的土地上驱逐出去，将他们安置在一个特定区域，用白面、糖、泡打粉和油取代了他们的玉米和其他主食。祖尼人用这些原料，制作出今天在美国西南部路边常见的油炸面包，这种面包的营养远不如他们传统的蓝玉米面包。同样悲惨的还有他们大西洋彼岸被压迫的兄弟——爱尔兰人。由于沉重的租金而变得一贫如洗的爱尔兰人，用苏打面包代替了黄油燕麦饼和其他更有营养的食物。现在只有有钱人能负担得起美味的传统面包。

对于那些被驱逐和被租金压榨的人来说，化学膨发面包才是现实的。尽管他们可能为缺乏营养而担忧，但是也无能为力。然而，奇怪的是，美国和欧洲的富人们也担忧这种面包对健康的影响。19 世纪的长老教会牧师西尔维斯特·格雷厄姆（Sylvester Graham）谈到了全麦面包和素食的道德纯洁性。但是他认为传统面包没有什么益处。他称酵母为"不纯的有毒物质"，如果必须使用酵母，那么它应该新鲜且来自本地。

另一位健康倡导者威廉·奥尔科特博士（Dr William Alcott）比格雷厄姆更激进，他告诫人们彻底远离发酵面包。他坚信，发酵是腐败，而酵母是一种对人体有害的腐败物质。然而，他所追求的可能已经超出了人们能接受的范围。作为发酵面包的替代品，他吹捧一种连他自己都难以下咽的无盐、面粉未过筛且未经发酵的面包，并写道："在我看来，它不仅平淡而且乏味，像麸皮和锯末一样，但是这是一种积极有益的难吃。"发酵即腐败的旧论调依然盛行，尽管许多研究表明并非如此。波士顿水疗法（Boston Water Cure）的支持者出版了自己的小册子《好面包：如何不用酵母和泡打粉让面包轻盈》。他们谴责他们这个时代的面包彻底"因发酵而腐烂，或被酸和碱污染"，以至于"生命的食物几

▷
这是泡打粉平面广告。
经济实惠、快速可靠
的泡打粉成为穷人
和工厂员工的首选膨
发剂（或者说是必需
品）。他们的时间紧
迫，泡打粉为他们提
供了便利。然而，这
些优点是以牺牲面包
的优质风味和营养为
代价的。

乎成了死亡的食物"。他们建议使用极热的烤箱来代替发酵的面团，高温引起的水的膨胀可以让烘烤的面包膨胀。

像化学膨发剂替代了酵母一样，彻底避免用二者进行膨发的方法也正等待着富有企业家精神的人去创造。约翰·多力士（John Dauglish）作为伦敦的一名医生与化学学会成员，他尝试利用水蒸气和各种气体（英国维多利亚时代流行的能源）作为使面包膨发的方法，就像酵母或化学制剂实现的那样。他聚焦于二氧化碳，通过将硫酸盐倒在碳酸钙（即粉笔）上捕获二氧化碳（他后来用麦芽与面粉一起发酵制成的"葡萄酒乳清"替代了酸和粉笔）。反应中释放的二氧化碳给一种液体充气，这种液体与面粉混合制成面团。多力士将面团放在一个巨大的拼接铸铁球里，正如维多利亚时代杰出的家庭主妇比顿夫人（Mrs Beeton）所写，这个铸铁球"由一个多桨叶系统构成，不断地旋转，进行揉捏工作"。

于是，充气面包公司（Aerated Bread Company）诞生了，创始人声称该公司有能力在 40 分钟内将两麻袋面粉（每袋约 254 千克）转变成 400 个重 0.9 千克的面包。毫无疑问，很多人认为多力士的发明在速度、经济性和产量方面令人惊讶。至少，在节约烘焙面包所需的时间上，这项发明标志着巨大的进步（按传统方法需要约 10 小时）。充气面包不但节省了时间，还使得大部分的营养得以保留。据报道，按多力士的方法制作的面包，其碳水化合物含量仍然很高。而在传统的发酵面包中，这些碳水化合物滋养了酵母，营养良好的酵母则赋予面包风味。另一方面，充气面包既乏味又昂贵，这是一次商业上的失败。而充气设备经常运行不稳定并使操作者受伤这一事实，使其失败更加难以避免。

▷

这是多力士充气面包机的示意图。作为以工业改变烘焙的早期案例，充气面包可以被快速大量地制作出来，而且大部分的营养价值在制作过程中得以保留。尽管如此，充气面包并没有受到消费者青睐，因为它缺少传统面团中由发酵赋予的风味。

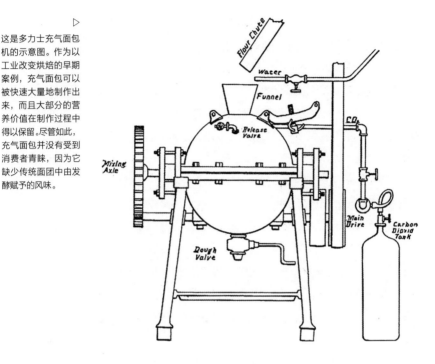

然而，创新并没有随着多力士充气面包的失败而停止，创新始终在向前推进，金钱的诱惑为此提供了动力。很多创新的成果令人愉悦。作为对人们利用化学与机械制作面包的反击，在1876年美国费城的百年博览会上，一种"驯化"了的酵母出现了。这是来自奥地利维也纳的弗莱施曼兄弟的创意，他们对美国能买到的酵母的质量感到失望。在他们的发明出现之前，酵母是一种挥发性原料。它通常被保存在瓶子里，这常常导致瓶子爆炸，或

者被放在板子上分层干燥，而这种暴露又会导致污染。弗莱施曼
两兄弟想到了压缩酵母这个好点子，他们付诸行动，将酵母中的
液体去除并压缩成小块的固体。他们发现以这种方式加工过的酵
母在储存和运输中表现良好。更重要的是，它适合烘焙，余味不
苦，还可以减少一半的发酵时间。弗莱施曼兄弟送给职业面包师
和家庭面包师的礼物是一记惊雷。有史以来，面包师们第一次拥
有了在可靠性和耐用性上可以匹敌泡打粉的一次性酵母。

　　便于储存的酵母成为众多反映时代特点的创新之一。然而，
很多人发现他们甚至没有时间用泡打粉或弗莱施曼兄弟的速效
酵母制作面包。因此，人们对烤好的即食面包的市场需求激增，
工业化趁机介入以满足这一需求。随着面包制作开始工业化，
古老的烘焙方式逐渐消失——随之一起消失的还有传统习俗的
约束。虽然人们一直认为一个"标准面包"重 0.9 或 1.8 千克，
但是 1866 年《面包法令》的废止让面包师拥有了随意定价的自

"OBSERVE OUR LABEL."

◁
这是 20 世纪初弗莱
施曼酵母广告的卡片。
酵母通过弗莱施曼兄
弟的工艺变得易于存
放和便于运输，最终
和泡打粉一起成为可
靠而省时省钱的膨
发剂。

由。与此同时，面包师行会的最终解散导致了面包师工资的直线下降，他们的规章制度不再有效，这迫使面包师只能基于质量和价格相互竞争。这个行业变得拥挤且无利可图。行会曾设立并实施的入行壁垒已经坍塌，几乎任何人都可以开店。

为了应对前所未有的市场压力和宽松监管，面包师们转而使用机器来节约人力成本。诉诸技术解决方案，使烘焙行业变为资本密集型产业。过去，面包师可能会雇用家庭成员来制作面团，但是到了 1910 年前后，他们开始使用揉面机。然而，有着传统思维的人并不认同这种选择，他们坚信揉面机严重地毁掉了面团。

事实上，机器揉的面团可能比手工揉的面团含有更多的水分。除了面团，同样被破坏的还有那些收入不高却有抱负的面包师的前途。能够负担得起高价设备的生产商开始主宰市场。在无法平息人们对低劣质量面包投诉的情况下，他们以强有力的广告宣传活动进行回应，旨在让他们的产品自成一体，区别于可能会让人联想到的任何本地的、传统的面包。一个至今仍在英国流行的面包品牌的广告语说："不要只认'棕色'，认'霍维斯（Hovis）'。"

1961 年，英国烘焙行业研究协会（British Baking Industries Research Association）的乔利伍德（Chorleywood）工艺实现了以工业规模进行商业化面包烘焙的巨大飞跃，该工艺在三个半小时内便完成面包从面包粉到包装的全过程。乔利伍德工艺提升了初次发酵的速度，在此之前，面团最迅速的发酵方法也需要至少五个小时。面筋发育的方式，从通过面团静置变成了伊丽莎白·大卫

（Elizabeth David）所写的那样，"在高速搅拌机中进行几分钟的剧烈机械搅拌"。乔利伍德工艺处理过的面包，紧实但多孔。它们适合运输，因为它们被挤压后能恢复原状。然而，它们很乏味，因为其中的酵母没有时间产生酯类与其他赋予风味的副产品。

　　乔利伍德工艺在工业上的胜利一直延续到现在。如今，英国出售的大约 80% 的面包是用该方法制作的。与此同时，美国的商业面包制作者更愿用海绵面团法，这种方法除了发酵时间较长以外，其他特性与机械法相同。无论使用什么工艺，均匀多孔、有弹性、淡而无味的面包征服了市场，而健康、美味、手工的面包注定将成为精品。

△
这是 20 世纪中期邦德（Bond）牌"均质化"面包的印刷广告。随着乔利伍德工艺和其他创新缩短了面包制作时间并使其标准化，街角面包房逐渐被商业巨头取代。因为商业巨头拥有足够的资本和资源，能够提供专业化的设备，以满足日益增长的城镇工人消费者对现成面包的需求。

20 世纪瑞士历史学家及评论家希格弗莱德·吉迪恩（Siegfried Giedion）在他 1948 年的杰出著作《机械化统领一切》中写道："1900 年后我们进入了一个时代，无名的企业渗透到几乎生活的每个部分，整齐划一与对外观的强调携手而来。"清除掉一系列企业的渗透后，才是生活本身。吉迪恩继续写道："面包特色的改变总是使生产者受益，仿佛消费者在无意识中，将自己对面包品味的追求变成了对大批量生产和快速流转的追求。"

消费者对面包品味的改变很可能是对环境压力的反应。被吸引到大城市寻找机会，每天被迫工作 12 到 16 个小时，其余的时间睡觉，吃工厂生产的面包的人像是工厂的奴隶。"面包和人造黄油"成为工人阶级的支柱，这种饮食不益于健康（而面包必须是白面包不能是全麦面包，因为工厂主不想让工人有机会在卫生间休息）。正如烹饪历史学家琳达·奇维泰洛（Linda Civitello）所观察到的，大规模生产的烘焙食品没有历史。正是这种特质，吸引着那些需要离家寻找工作、与他们自己及家庭的历史疏远的人。在工业时代的薪酬体系中，他们可以获得的面包与他们的劳动本质非常相像——单调、没有味道或差别、可廉价获得。与此同时，他们的祖辈用炉火烤制的、带有家的味道的面包，借由这些特质，从卑微变得崇高。鉴于由 20 世纪美国社会学家托斯丹·邦德·凡勃伦（Thorstein Bunde Veblen）命名的"炫耀性消费"文化的兴起，前工业化时代平民的主食，也就是因为没有其他选择而只能手工制作的主食，已经成了为有钱人准备的"手工"作品。

加工食品的拥护者，以加工食品的便捷性和数量上的优势

◁

这是美国华盛顿附近的一家农夫市集的手工面包小贩摊位。近年来，传统的烘焙方法又流行起来。手工面包吸引了那些欣赏过去含蓄但独特风味的面包的消费者，他们也看重这些面包的营养价值。

支持自己的观点。然而，从中重新获得的时间的价值，取决于人们对时间如何支配。如果受益人可以用它来满足自己的爱好，发展自己的才能，或者保障自己的利益，那么他们确实取得了收获。然而，如果他们必须将这些时间用于做更多的工作，那绝不是收获。

在取得这些表面上的收获的过程中，我们损失了什么呢？最近的研究表明，酸面团酵头和其他天然膨发剂制作的面包，其升糖指数低于工业化方法生产的面包，或者说它不太可能使食用者的血糖飙升，而其中的生物可利用营养含量更高。传统发酵面包甚至可能减少麸质不耐受症状。微生物有至关重要的魔力，虽然它们的工作节奏不确定且需要与季节和温度的大环境协调，但它们能够将食物从不健康的变成健康的，这显然是最大的优势。

第四章

时而危险的二元性：真菌与食物

早在人类出现之前，霉菌就已经登场，而且活得很好。在遥远的未来，当人类已经演完了自己的戏份，摸索着退入漆黑舞台的两侧，或从舞台的地板门跌落后，很多霉菌肯定也仍然存在。

——克莱德·克里斯坦森《霉菌与人类：真菌概要》

酵母可以膨发面团的这一发现，恰逢其时。不久后，人们发现霉菌也有着重要的作用。故事是这样的：一位法国南部的牧羊人喜欢在某个山洞里小睡。一天，他醒来后因为着急追赶一位年轻迷人的牧羊女，忘记带走他午餐剩下的奶酪三明治。这些剩菜一直放在那里，直到晚些时候他才回来。三明治的面包发霉了，牧羊人把它扔到一边。然而，他冒险尝试了一下里面的剩奶酪，奶酪的风味大大地改善了。在回村子的路上，他把他的发现告诉了朋友和邻居。朋友们和邻居们被牧羊人的发现所吸引，便把自己的奶酪三明治带去同一个山洞，然后离开，等待"魔法"的发生。

"魔法"发生了，奶酪长出了蓝色的霉菌。这个山洞的土壤中富含一种后来被称为娄地青霉（*Penicillium roqueforti*）的菌株，土壤污染了面包，面包继而污染了三明治里的奶酪。这种奶酪便是洛克福奶酪（Roquefort）。

洛克福奶酪是否真的以这种方式被发现，尚未被证实。但是，这种奶酪很可能是意外污染的结果。20 世纪莓果真菌学家克莱德·克里斯坦森（Clyde M.Christensen）写道："这种奶酪的诞生只是一个愉快的意外。奶酪制作者只是正在尝试制作与他们祖先做的一样的，满是污垢、风味和营养的奶酪。"

今天，约有 600 种娄地青霉为种类众多的奶酪提供风味和营养。尽管很多奶酪制造商依靠的是实验室菌株，但仍然有一些制造商在坚守传统，将烤焦了的大黑麦面包放在山洞里来接种霉菌，然后将霉菌制成粉末撒在奶酪凝乳上，或者从外皮打孔注射进内部（洛克福奶酪和其他内部长霉奶酪不能受挤压，这样凝乳内保留的裂纹与缝隙才能为霉菌生长提供空间和空气）。然后，奶酪被放置在山洞里直到被霉菌彻底定植。山洞里诞生了具有绝妙芬芳的奶酪，例如卡芒贝尔奶酪（Camembert）、戈贡佐拉奶酪（Gorgonzola）和斯蒂尔顿奶酪（Stilton），它们时至今日都被人所钟爱。

我们在第六章会更深入地讨论奶酪，它仅仅是霉菌发挥关键作用的众多发酵食物中的一种。例如，一种被称为灰葡萄孢（*Botrytis cinerea*）的灰色霉菌，帮助生产出了世界上最受人喜爱的葡萄酒。长期以来，它一直被认为是导致葡萄枯萎的主因。

直到 18 世纪末期，一位德国修道院院长发现事实并非如此。当时，德国的葡萄园归教会所有，教会颁布法令，任何人不得在修道院院长正式宣布开始之前采收葡萄。有一年，修道院院长似乎忘记了采收这件事。约翰尼斯堡的修道士们等待着修道院院长的信使出现。几周过去了，葡萄成熟了。修道士们忧心忡忡，派他们自己的信使去见修道院院长。但是，根据不同版本的故事，这名男子要么是被拦路抢劫犯扣住，要么是被漂亮的女人留住，总之再也没有回来。修道士们又派出了一名信使，他也同样失踪了。第三名信使终于见到了修道院院长，并带着后者的口头批复回来了。批复同意，采收可以开始了，尽管晚了四周。那时，前面提过的霉菌已经侵袭了熟过头的葡萄。尽管如此，修道士们仍然要完成指标，将饱满的和干瘪的葡萄都扔进了马车。

幸运的是，这些看似毁灭性的霉菌浓缩了葡萄中的糖，并赋予了葡萄独特的味道。今天欧洲最好的葡萄园，会留下一些葡萄直到灰葡萄孢完成其工作再采摘。他们甚至培育了特殊的葡

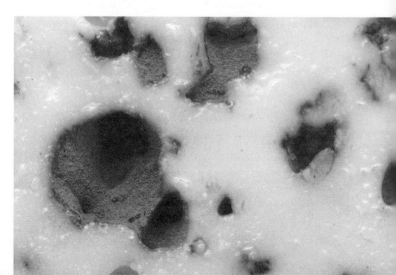

▷
这是洛克福奶酪剖面的特写。在凹陷处出现的是奶酪特有的霉菌，娄地青霉。虽然奶酪起源的故事可能并不确切，但是奶酪霉菌的来源是十分肯定的。事实上，洛克福奶酪一直在那个据说多情的牧羊人曾住过的山洞里制作。

萄酒酵母菌菌种来配合霉菌的风土。皮科里特、琼瑶浆、武弗雷（Vouvray）和滴金酒庄（Château d'Yquem），都是用灰葡萄孢侵袭过的葡萄酿造的，其中最后一个被普遍认为是最优质的。

霉菌的本性究竟是什么样的？它是朋友还是敌人？在现代科学出现之前的时代，答案只能通过实践与日积月累的经验获得。例如，当霉菌附在大米、大麦和大豆上，曲霉（*Aspergillus*）属的丝状霉菌显示出其友好的特性。被接种的培养基称为"曲"（koji），意为"发霉的谷物"。

曲霉的使用由来已久。关于它最早的文献记载出现于《周礼》一书中，这是一本中国的儒家典籍。在公元前165年的高官墓葬中，人们发现了大豆曲。在西汉成书的中国历史巨著《史记》中，出现了将"曲"作为国家最重要的商品的讨论。到1776年，这种商品以鲍恩专利大豆（Bowen's Patent Soy）的形式进入了西方。鲍恩专利大豆是一种由美国人萨缪尔·鲍恩（Samuel Bowen）酿造的酱油。霉菌作用于大豆的淀粉，将它转化为可被发酵的糖，从而使它为制作酱油、清酒、味噌和其他常见食物做好准备。

今天酿造的酱油与古代亚洲的酱油差不多，其他用"曲"制作的食物，如天贝（tempeh，一种用发酵大豆制作的传统印度尼西亚食物，译者注）、清酒和味噌，也变化不大。每一种食物都是由曲霉进行转化后的结果。例如，酱油的生产，要将等量的水煮过的大豆与烘烤过的小麦混合，然后用孢子培养物接种混合物。培养物的种类取决于所酿造的酱油的种类。在酿造日式酱油时，真菌溜曲霉（*Aspergillus tamarii*）被引入大豆小麦混合物里，然后发酵。接下来就是众所周知的氨基糖苷反应。微生物将谷物蛋白质分解为游离氨基酸和蛋白质片段，将淀粉分解为单糖。结果就产生了酱油标志性的褐色。然后乳酸菌将混合物中的糖发酵成乳酸，酵母菌产生乙醇，乙醇的陈化产生了酱油特有的风味。

在天贝和清酒的制作过程中，曲霉的作用方式大致相同。制作天贝时，霉菌在煮过的大豆中大量繁殖，将大豆发酵成更易于消化的食物。酿造清酒时，米曲霉（*Aspergillus oryzae*）将大米淀粉分解为能被酵母菌转化为乙醇和二氧化碳的糖。中国人用这种方法，可以制作出与来自法国或奥地利葡萄园的一样美味而令人沉醉的酒。

19世纪90年代，一位名为高峰让吉（Takamine Jokichi）的日本化学家甚至用"曲"来酿造威士忌。高峰的方法与传统方法截然不同。传统方法通常是将酵母菌引入水果汁或发芽谷物的醪液中来发酵，而高峰认为曲种更为经济和高效，因为他发现米曲霉比麦芽能产生更多降解淀粉的酶，尤其当使用的培养基是麦麸时。此外，真菌本身只需生长三天就可以收获（大麦需要六个月）。高峰还观察到，他的曲法可以让微生物在酒精含量高的液体中存活更久，从而有助于继续提高酒精含量。

不幸的是，高峰在实验室里的成功没能转化成在市场上的成功。尝试过的顾客发现这种威士忌味道奇怪。尽管如此，高峰还是为曲霉展现了更广阔的应用前景。今天它被用于制作对工业化食品生产至关重要的柠檬酸与酶。

然而，曲霉既能是福也能是祸。大约 50 种曲霉会产生有毒的代谢物。它们会感染坚果、粮食和香料等食物。有毒的黄曲霉（*Aspergillus flavus*）在热带和亚热带生长得特别好，感染的食物会产生致命的黄曲霉毒素，能导致急性肝损伤、肝硬化和肿瘤的形成。有人认为，中非和东南亚部分地区的肝癌高发病率要归因于黄曲霉毒素的摄入。1974 年，印度约有 400 人因为食用了被黄曲霉感染的玉米而患肝炎。这些患者中，有 106 人死亡。

曲霉所具有的双面性特点，也是真菌的普遍特性。正确的理解和欣赏这些真菌在食品发酵中的作用，需要我们了解一些它们的天性和历史。一个庞大而古老的谱系解释了真菌的奇异性。作为两种地球上最古老的生命形式，真菌和细菌有着共同的祖先。这一优势，使得真菌与类真菌生物的物种数量约有 10 万之多。1992 年《自然》杂志上的一篇文章，分析了在美国密

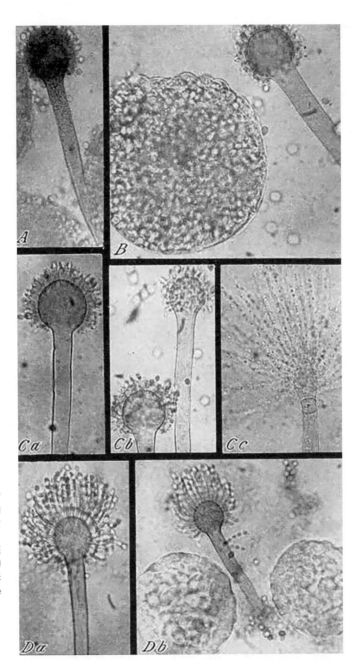

▷
这是各种曲霉菌株的图像。有些菌株是有害的，甚至是致命的；其他的则无害，甚至是有益的。在有益的菌株中，一些被用来制作酱油和天贝等熟悉的亚洲食物。

歇根州北部一片林地中，茂盛生长的高卢蜜环菌（*Armillaria gallica*），即蜂蜜蘑菇的基因情况。子实体被证实是完全相同的，而不是单独的个体。产生那些子实体的地表下菌丝网络存在了 1500 年——是地球上最古老的生物之一。

它们的古老血统意味着真菌在其他生物的进化中扮演了重要角色。例如，我们要为地球上丰富的植物种类感谢真菌。一些科学家推测，在大约 4.85 亿年前的寒武纪时期，真菌与光合作用生物之间的共生关系，为后来其他植物的崛起铺平了道路。这种共生关系一直存续到了现在。生长在维管植物（vascular plants，是指具有维管组织的植物，例如极少部分苔藓植物、蕨类植物、裸子植物和被子植物，译者注）根系周围的真菌——菌根——增加了植物约 90% 的营养吸收。常见于美国东北部的水晶兰便受益于这种合作关系。在其密集、坚硬的块状根系上有许多小的、分支状类似结节的结构，长约 3 毫米，直径约 1 毫米。显微镜下观察，每个结节都被一个真菌菌丝体包裹，菌丝穿透根系，将食物输送进细胞内，向外进入土壤收集营养。3.5 亿年前石炭纪的原始针叶树与一种类似的真菌有着几乎相同的关系。

虽然真菌以至关重要的方式帮助植物生存，但是它们与人类的共同之处更多。纤维素形成了植物细胞壁，而真菌细胞壁的构成要素则是鱼鳞与甲壳类动物外骨骼中强韧的甲壳素。这种独特的甲壳素连接，将真菌定位于植物与动物之间的某处。

真菌摄取食物的方式也很独特。它们不依靠阳光获取能量，而是通过在细胞外分泌酶将复杂分子分解为简单形态，从腐烂的物质中汲取营养。真菌通过孢子繁殖，当孢子暴露于潮湿的环境

时会像种子一样膨胀。孢子的细胞壁从一个被称为芽孔的已有的
薄弱点扩展。这种扩展变成一种管状，更确切地说是"芽管"，

▷
这是真菌菌丝。在繁
殖过程中，真菌的子
实体（地表可见部分）
散播孢子。孢子发出
菌丝，菌丝生长并开
始进入被称为菌丝体
的密集网络中。菌丝
既坚韧又牢固，可以
在混凝土、船板和其
他看似不可能的环境
中生长。

这个管随后变成被称为菌丝的细丝。随着菌丝生长，它开始分枝，变成许多菌丝，以这样一种方式延伸，即每个生长端的细胞壁保持足够的弹性使细胞壁能够延伸，又足够坚硬确保细胞质固定其中且营养物质流向真菌的其他部分。最终，菌丝缠绕并增厚成为一个菌落。当菌落生长得足够大，就变成一个"菌丝体"。从森林地面上摘的蘑菇会有细小的线状蔓生物。摘下的部分，即子实体，它仅仅是土壤下一个更大有机体的生殖结构。一旦达到特定的成熟度，它就会开始散播其孢子并开始一个新的生长周期。

由于真菌的不可抑制性，它既可以使奶酪制作者与酱油酿造者致富，又可以使农民贫困。

1843 年，大约在汉森开始分离纯酵母菌培养的 40 年前，历史上最具毁灭性的枯萎病之一袭击了美国，杀死了宾夕法尼亚州和特拉华州半数的马铃薯作物。这种"新病害"沿着叶子边缘留下深色的斑点，并在叶子背面覆盖上带有孢子囊的白色菌丝。马铃薯块茎会在产生深色的斑块后腐烂。20 世纪的植物病理学家欧内斯特·拉齐（Emest Large）在谈到枯萎病时写道："如果有人能够想象，从他的嘴巴和鼻孔里长出一些奇怪的无色的海藻，这些海藻的根正在同时摧毁并阻塞他的消化系统和肺部，那么他就能对叶子因灰霉病（疫霉）而发霉的马铃薯植物的境况，有一个粗略且奇妙，但或许有启发性的理解。"

到 1844 年，枯萎病已经蔓延至美国中西部并进入加拿大。而不列颠群岛在 1845 年那个凉爽而多雨的夏季发现了第一个病例。潮湿的天气使枯萎病迅速蔓延。爱尔兰遭受的打击尤为严重，损失了当年马铃薯产量的 40%。接下来的一年损失猛增至

▷
这是感染了疫霉
（*Phytophthora*）的
马铃薯，这种微生物
在 19 世纪中叶爱尔
兰的大饥荒中扮演了
重要角色。

90%。后续的几年中，枯萎病偶尔复发。总计有 100 万人死于
因此导致的饥荒。

尽管许多人将枯萎病归咎于神明的愤怒或电的影响等各种原
因，但是善于思考的人会寻找一个更合理的解释。1846 年，牧
师迈尔士·约瑟·贝克莱（Miles Joseph Berkeley）在《伦敦
园艺学会杂志》上发表了一篇关于枯萎病的文章。他的系统研究
使他得出结论："腐烂是霉菌存在的结果，而不是腐烂产生了霉
菌……接着由于霉菌的存在，植物变得不健康，霉菌又以不健康
植物的汁液为食。"因此，他自信地宣称，霉菌是"毁灭的直接
原因"。

这位牧师对马铃薯枯萎病病因的有力论证代表了一个巨大
的进步，只因为它表明了真菌和粮食损失之间的关系是无可争

辩的真实存在。不过，导致马铃薯枯萎病的实际上并不是一种真正的真菌，而是一种被称为卵菌（Oomycetes）的类真菌生物。然而，它也带来了一个使人清醒的认知："当人们对真菌广阔的觅食地进行调查时，发现它们的觅食范围包括了地球上的每一个角落，以及地球上每一种形式的生物物质。"真菌学家罗伯特·撒切尔·罗尔夫（Robert Thatcher Rolfe）与 F.W. 罗尔夫（F. W. Rolfe）写道："人们会立刻被它们的需求与我们的需求之间的普遍相似性所震惊。"几个世纪以来，真菌成功地以牺牲人类的需求为代价，满足了其自身的需求。

　　真菌与枯萎病的关联是一个令人不安的启示，因为它显示了人类努力的脆弱性。虽然是看不见的真菌带来了痛苦与毁灭，但是仇恨与不信任迅速扩展到了看得见的种类。英国作家伊登·菲尔波茨（Eden Phillpotts）写道："在树和篱笆下，成熟的苔藓闪闪发光，而珊瑚菌和琥珀菌，与鹅膏菌（amanita）及其他有伞盖的伙伴，结伴或成群涌现，可能引发怪异、邪恶与孤独。"

　　与细菌无形的威胁不同，真菌引发了人们内心的恐惧、憎恶和困惑。人们想知道这些奇怪的生物来自哪里。例如，亚里士多德的继任者提奥弗拉斯特（Theophrastus）相信块菌来自雷雨，认为它们神秘的队形可以预测好坏。希腊医生及诗人尼坎德（Nicander）称真菌为"地球上邪恶的发酵物"。而罗马博物学家老普林尼，在几个世纪后将块菌描述为"所有事物中最奇妙的"，因为"其果实……可以在没有根的情况下生长存活"。真菌在古典艺术中也留下了其印记。一只伊特鲁里亚花瓶上描绘了垂死的半人马用蹄子夹住蘑菇的场景，它可见的那只眼睛明显地睁大了。一只古希腊阿蒂卡花瓶上展示了珀修斯与蘑菇；另一只上画了一位牧师在参加赫拉克勒斯献祭的活动时，手持装有三个蘑菇的盘子。

蘑菇与半人马和牧师等受人尊敬的人物之间的联系，意味着它们被用于宗教仪式，并常用于药物治疗。在这一时期最经常被使用的蘑菇之一是苦白蹄（agarikon 或 Laricifomes officinalis）。希腊医生狄奥斯科里迪斯记录了它的特性："止血和发热，对绞痛和溃疡、四肢骨折与摔伤有效。"它还有助于治疗"肝病、哮喘、黄疸、痢疾、肾病"，以及胃痛、癫痫、月经和"女性腹胀"。狄奥斯科里迪斯总结道："总的来说，根据患者的年龄和体力服用，它可以用于所有的内科疾病。"

狄奥斯科里迪斯显然对使用真菌有丰富的经验，他小心避开那些他认为有毒的真菌，也就是生长在"生锈的钉子或腐烂的破布中的，或临近蛇洞，或在果实有毒的树上的"。我们可以通过观察它们的"厚黏液层"或采集后放置一旁"很快腐烂"的现象识别出来。那些无视警告、食用真菌的人付出了代价。历史学家埃帕齐得斯（Eparchides）写了剧作家欧里庇得斯（Euripides）的故事，他在公元前 450 年拜访伊卡洛斯（Icarus）时，得知一名妇女、她的两个成年儿子及她未婚的女儿都死于一顿有蘑菇的餐食。这件事使他动笔写下了一篇短诗来纪念他们。

更为糟糕的是，我们被无情的命运之手无形地袭击。在古代，枯萎病和锈病被认为是神明的惩罚。希伯来先知阿摩司（Amos）怒吼道："我要用爆炸和霉菌击败你。"学者凯尔福特（G. L. Carefoot）与斯普洛特（E. R. Sprott）将锈病与《创世记》中"七个小麦穗"之梦联系起来，该景象预示着黎凡特南部的谷物枯萎病，将迫使犹太人进入埃及并最终成为奴隶。罗马人也一样，每当锈病摧毁了他们的庄稼，他们就认为是看不见的力量在起作用。在公元前7世纪，他们每年的春节是为了安抚锈病之神罗比格斯（Robigus）而过。游行队伍通过弗拉米尼安大门离开罗马，穿过米尔维安大桥并行进到克劳迪安路的第五个里程碑处。在那里，在一片神圣的小树林中，祷告者将在献祭的略带红色的狗与绵羊前祈祷。罗马人希望，这将会感动神明饶恕他们的庄稼。

即便罗比格斯宽恕了他们，罗马人仍然要担心其他的真菌威胁他们的庄稼。其中之一是麦角真菌，一种进入20世纪后仍然威胁生态群落的真菌。麦角真菌以一种黑色月牙形瘤体出现在黑麦麦穗上，它含有大量被称为麦角生物碱的复杂有机化合物。人一旦摄入，这些化合物会对平滑肌组织与神经系统产生巨大的破坏，引发四肢灼烧、产生幻觉与抽搐等一系列症状。第一个关于麦角中毒的文字记载来自857年下莱茵河流域的康登村落。文献描述村民正遭受水泡之苦，且有一些人手脚坏死。大约一个世纪后，法国巴黎暴发了一场疫情，受害者描述四肢有火烧的感觉。事实上，麦角真菌在中世纪是有规律地爆发。麦角中毒的症状被认为与圣安东尼有关。患者前往他在欧洲的圣骨匣朝圣，而墙壁被粉刷成红色的圣安东尼教堂成了疾病的象征。人们将疾病命名为"圣安东尼之火"。1722年，土耳其军队击败了俄国沙皇彼得大帝的大军。俄国将战败的原因归咎于供应的面包被麦角真菌污染，使骑兵部队患病。他们抽搐，皮肤脱落，好像患了冻疮。

随着小麦这种能更好抵御污染的谷物开始代替黑麦成为主食作物，以及人们对麦角真菌及其影响认识的增加，麦角中毒事件减少了。事实上，麦角真菌有许多有益之处。在中世纪，助产士给孕妇服用小剂量的麦角真菌，以诱导子宫收缩并加速分娩。而今天，它被用来缓解偏头痛。

与细菌一样，真菌展示了自身的两面性。1601 年，法国植物学家卡罗卢斯·克卢修斯（Carolus Clusius）首次将真菌进行了生物分类，将它们分为两个类别——能吃的和有毒的。他的研究代表了人们在理解真菌与疾病之间关系上的开创性尝试。许多思想家未能正确地认识真菌，他们将真菌视为疾病的结果而不是起因（这种观点一致盛行到 18 世纪的最后 25 年）。枯萎病的原因也继续被归咎于流星、动物和害虫。人们对这件事错误的理解持续着，因为"元凶"在他们看来是无形的。直到荷兰商人安东尼·范·列文虎克第一次用他的手工显微镜观察到了酵母的出芽，科学家们才开始了解在有形世界中导致如此多麻烦的微生物。

罗贝特·胡克（Robert Hooke）是科学家、建筑师、英国皇家学会委员与实验策划人、格雷沙姆学院几何学教授、伦敦市勘测员。他描述了微型真菌的世界，并用自己设计建造的复合显微镜对其进行研究。"蓝色和白色和几种长毛的霉点"他在其1665 年的《显微图谱》中这样描写霉菌。

在各种腐烂的尸体上都能观察到，无论是动物的还是植物的……所有这些只是几种形态各异的小真菌蘑菇，从那些腐烂尸体中的便利材料而来，对……某些植物感到兴奋。

胡克的描述如此生动，以至于著名的英国日记作者塞缪尔·佩皮斯（Samuel Pepys）称赞《显微图谱》是"我一生中读过的最有独创性的书"并称这本书让他直到凌晨都保持清醒。胡克的书中包含了第一批微型真菌的图画，其中有毛霉（Mucor）和短尖多孢锈菌（Phragmidium mucronatum）或玫瑰锈菌的精美插图。胡克还是首位对蘑菇的内部结构进行介绍的人。然而，

◁
这是胡克在其《显微图谱》（1665 年）中描绘的微真菌毛霉。虽然他的开创性研究揭示了一个不为人知的生命领域，但是他仅对微真菌的繁殖提出了模糊的猜想。

▷
这是易受麦角黑穗病感染的各种谷物的示意图。人如果摄入被感染的谷物会引发一系列极其严重的症状，最令人恐惧的是手脚上的皮肤脱落。当黑麦把主食作物位置"让位"给小麦——一种抗黑穗病谷物，麦角中毒事件开始减少。

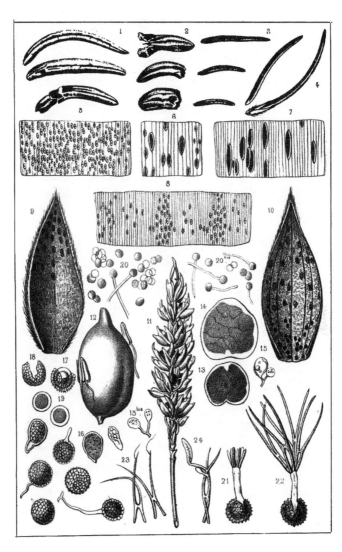

蘑菇的起源对他来说仍是一个谜。他写到，他无法理解"蘑菇是如何从一粒种子中产生的"。相反，它们"似乎依赖于一种合理的物质结构，以及自然和人工热量的共同作用"。

一个世纪后，一位名叫阿戈斯蒂诺·巴希（Agostino Bassi）的体弱多病的官员，不仅进一步理解了真菌如何繁殖，还了解了它们一直以来如何使其宿主枯萎。巴希于 1773 年出生在意大利伦巴第，在拿破仑统治下成为一名官员。尽管他很希望留在舒适的办公室里，但是不佳的健康状况和视力迫使他辞职。他去了他父亲所在的农场，在那里他投身于农业与科学事业，写了一本 460 页的关于牧羊的书。他还有其他爱好。在年轻时，他便对蚕硬化病颇感兴趣，这种病动摇了意大利与法国的丝绸工业。他在蚕身上进行各种奇怪且复杂的实验，"甚至让它们经受最野蛮的治疗"，他写到并继续记录，"成千的可怜生物以上万种方式死去"。其中一种方式是将蚕放进一个纸袋里，他把纸袋挂在持续燃烧的火焰上的烟囱里。然后他将蚕干燥的遗体保存在地窖里。这种方式产生了一种像硬化病的疾病，尽管没有"传染性"。这次失败使这位敏感的意大利人"极为羞愧，沉默且无所事事"，并且"被可怕的忧郁所压迫"。

不过，这种懒散的状态是短暂的。带着恢复的决心和崭新的想法，巴希重启了他的实验。他的新想法颇有争议：硬化病不是自发的，相反，它来自"体外的病菌"。巴希再次观察覆盖在病蚕体外的白霜。他想，这可能正是"元凶"。他用自己的复合显微镜观察白霜，显微镜的设计与胡克的相同，他看见"一种像隐花植物的寄生真菌"。一系列的实验显示，巴希的理论是正确的。

当真菌覆盖了死去的蚕表面时，这种疾病就在蚕之间传染，每一次疾病的暴发"可以溯源到引入感染的蚕或使用了感染的笼子或器具"。

巴希已经确定真菌是疾病的起因。1834 年，他在帕维亚大学由九名医学和哲学教授组成的委员会面前，通过实验再现了他的研究发现。虽然少数成员持保留意见，但是委员会认为实验结果是可信服的。尽管疑虑重重，巴希继续前行，将注意力转向桑葚、葡萄和马铃薯。大约在同一时期的英国，动物学家理查德·欧文（Richard Owen）在伦敦动物园解剖了一只死去的火烈鸟。霉菌覆盖了这只鸟的肺部。欧文由此得出结论，内生真菌导致了这只鸟的死亡。在法国巴黎，大仲马父子、李斯特、肖邦和医生戴维·格鲁比（David Gruby），确定了癣、鹅口疮及其他人类疾病的真菌性质。欧洲各地都在进行这种性质的实验，它们都得出了同一个见解：真菌引起植物、动物和人类的疾病。

科学家们最终认定，这些微生物形态各异、危害不同。然而，他们尚未确定真菌是如何做到这一切的。到 19 世纪初，几乎所有的有关真菌的出版物都来自欧洲，尤其是法国和德国。直到 20 世纪，真菌学——真菌的研究，才成为一门学术科学（值得一提的是，与天文学一样，真菌学也一直欢迎业余爱好者的参与；事实上，真菌学的进步有赖于业余爱好者，就像真菌学学会的建立也有赖于他们）。这一迟滞的发展可能解释了为什么，相对于真菌的数量来说，只有很少真菌被鉴别出来，而真菌对人类健康和饮食的益处的研究就更少了。真菌世界中的大部分仍然是陌生、广阔、不为人知的。

陌生、广阔，而且绝对不可或缺。没有来自真菌王国的帮助，人类自己的王国将是贫乏的。如果从真菌的简史中汲取一个教训，那就是我们必须谨慎地对待它。科学和医学文献中有大量真菌时而危险的二元性及其危害的案例。例如，许多属于青霉属的霉菌，就代表了这样一种混合体，有些出现在美味奶酪的制作过程中，而另一些则导致肝脏、肾脏及大脑损伤。

与摄入了错误种类的真菌一样使人忧虑的是，摄入过多其他正确种类的真菌。乳酒假丝酵母（*Candida kefyr*）可以生产一种近来非常受欢迎的酸味起泡乳饮料，但它也有其危险性。一位孕妇从乳制品中摄入了过多乳酒假丝酵母（她经常每天三次喝开菲尔、吃酸奶和生奶酪），这使她的双胞胎胎儿被真菌感染。一名狂热的澳大利亚家庭酿酒师得了致命的疾病，因为一种制作发酵大豆制品所必需的米根霉（*Rhizopus oryzae*）进入了他的一批啤酒中，并通过这种方式进入了他的小肠。虽然这些案例很少发生，但是它们的发生足以让人们在处理真菌时格外谨慎和小心（此警告尤其适用于免疫力低下的人）。

我们已经用了太多的笔墨来讲述真菌，现在可以关注下另一种对发酵食物生产至关重要的微生物——细菌。

第五章

日常生活的奇迹之一：发酵蔬菜制品的起源、影响与未来

巡回法庭的法官也一样，尽管公平地说，他几乎不能被称为一位彻头彻尾的粗人，在他履行法官职责的间隙（像古代的辛辛纳图斯一样）陶醉于丰饶的肥料，而不是法学的精髓；当他放下正义之剑时，倾向于拿起卷心菜切片器，为冬天储存的酸菜做必要的准备。

——亨利·梅休《当代萨克森州德国人的生活和礼仪》

从新石器时代农业的诞生到 20 世纪，人类饮食以面包和酒精饮料为支柱。富人囤积并买卖面包和酒精饮料，而那些不富有的人则完全依赖它们获取大部分热量。面包确实是生活的重要组成部分，而酒精则会让人忘记获取面包有多困难。

然而，人们并不仅靠面包和啤酒生活。他们有时用更有营养

的食物——蔬菜、乳制品，偶尔也用肉类来装点原本平淡的饭菜。这些极其容易腐烂的食物，如果要端上餐桌，需要小心贮存。发酵为贮存提供了一种现成的方法。这是一种未雨绸缪的决策，可以缓解当下的焦虑。拥有着不同文化背景的人们都参与这项工作，创造出数不胜数的发酵食物，每一种都与其产地一样独特。随着时间的推移，这些发酵制品变得越来越重要，从乡村主食变成了横跨大陆和扬帆大海时的补给。与谷物和酒精一样，它们被进口也被出口，销往各地，尽管有时困难重重。它们是人类聪明才智的证明及产物。虽然人们不能解释原因，但是他们知道发酵过的食物可以带来健康，缺少发酵食物则导致疾病。简言之，发酵食物是日常生活的奇迹之一。

　　1768 年，探险家兼英国海军上校詹姆斯·库克（James Cook）发布了一项指令，要求他的船员必须每人每周吃约 900 克酸菜。船员们并不能欣然接受，他们知道酸菜是一种荷兰人的食物，正因如此它很少出现在英国人的餐桌上。当库克的船员看到最高级别的军官们一脸享受地吃着酸菜时，还是服从了命令。那时船员们才改变了对这道原本他们认为不好吃的菜的看法，他们甚至开始认为酸菜是"世界上最好的东西"。

　　库克并不是想把异国菜肴强加给他的船员们。每份发酵卷心菜能提供大约 150 毫克抗坏血酸，当佐以醋、芥末和浓缩橙汁与柠檬汁时，人们食用发酵的卷心菜可以预防坏血病（一种困扰了船员们几百年的痛苦灾难）。1519 年，葡萄牙探险家麦哲伦率领 3 艘船和 200 名水手启航。为期 3 年的环球航行后，只剩下 1 艘船和 18 个人。坏血病夺去了其余大多数人的生命。

▷

詹姆斯·吉尔雷（James Gillray），《吃酸菜的德国人》，1803 年，蚀刻版画。虽然中欧和低地国家的人们对发酵卷心菜的喜爱可能让英国人感到奇怪，但是他们很快就学会欣赏这道菜强效的营养特性。

　　坏血病也许是人们食物匮乏时出现的最严重症状。麦哲伦的水手们靠饼干屑和被污染的水维持生命。他们的经验显然对后代的水手们没有什么指导作用。盐腌牛肉、猪肉与鱼，啤酒、朗姆酒、面粉、干豌豆与燕麦，奶酪、黄油、糖蜜与压缩饼干块，这些是 18 世纪的英国船只在长距离航行前会装载的食物。事实上，它们是整个西方世界的水手们的标准饭菜。虽然荷兰人可能会吃更多猪油与酸菜，而西班牙人吃更多植物油与泡菜，但是基础是相同的：淀粉、蛋白质和一点点珍贵的提供维生素 C 的食物。糟糕的是，这些贮存的食物很快就会腐烂。压缩饼干和咸肉发霉、生蛆，奶酪变臭，或硬到水手们把奶酪块刻成纽扣用；啤酒和水变酸。这些食物曾含有的微不足道的营养甚至在食用之前就被破坏了。

仅仅需要几周时间，就可以看到这种饮食对水手的影响。他的牙龈可能肿胀，呼吸困难；他可能感到萎靡和沮丧；深色的疹子可能遍布全身，而他的四肢的细胞组织可能开始坏死。这些都是坏血病的症状。"我的牙龈都腐烂了，渗出黑色的腐臭血液。"一名英国船上的外科医生写道：

> 我的大腿和小腿是黑色的、坏死的，我不得不每天用刀刮掉肉来放出这些黑色腐臭的血液。我也用刀来刮牙龈，刮掉长在我牙龈上的乌青。

由于人们发现了维生素 C 的预防功效，这位不幸的外科医生描述的那些极端方法最终变得不再必要。事实上，酸菜中的维生素含量并没有特别高，但是对控制坏血病的症状来说已经足够了，尤其是当与其他食物一起配合时。然而，酸菜还有第二个值得推荐的优点：它通常是为航行储备的食物中最后一个坏的，它的制作方式——乳酸发酵，使它得以贮存。每天食用一点这种富含益生菌的浓烈食物，库克的水手们就可以健康地去探索遥远的土地。

库克的酸菜配给，集中体现了发酵过的水果与蔬菜在从航海寻找贸易机会到发动战争、建立帝国等各种扩大人类活动范围与规模方面，所发挥的微小但重要的作用。此外，发酵的水果与蔬菜也有悠久的历史。公元前 3 世纪，中国长城的建造者们通过食用乳酸菌发酵的蔬菜来保持体力。罗马士兵们在他们征服的土地上种植蔬菜，他们很可能会将大部分的蔬菜腌起来。虽然直

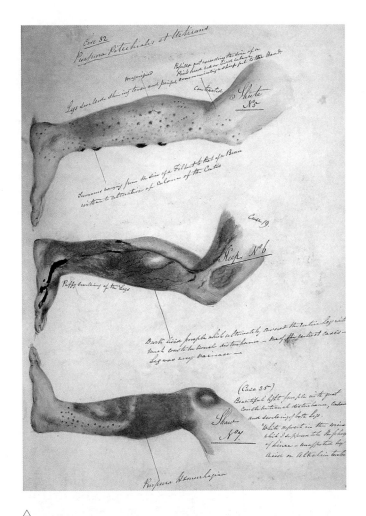

△
这是亨利·沃尔什·马洪（Henry Walsh Mahon）在他日记中绘制的坏血病的症状，可能绘制于1840年。坏血病是由缺乏维生素C引起的一种疾病，它一直困扰英国的水手们，直到人们对它有了更多的了解。酸菜的抗坏血酸含量很高，足以预防这些症状。

到 20 世纪 30 年代，匈牙利化学家阿尔伯特·舍恩特－热尔盖（Albert Szent-Györgyi）发现抗坏血酸及其在人类新陈代谢中的作用后，维生素 C 对生命的重要价值才为人所知，但是长期以来，发酵水果与蔬菜一直被视为防范食物匮乏的屏障。人们常将食物与神明联系起来。例如，公元前的立陶宛人的众神

◁
阿尔伯特·舍恩特－热尔盖，匈牙利化学家。他发现了维生素 C 在人类新陈代谢及营养中的作用。

之中，有一位被他们称为泡菜与啤酒之神。

尽管民间传说丰富多彩，但是神明可不会制作这些食物。这些食物看似神奇的抗腐败的力量，要归功于一些世界上最卑微的生物的行为。从橡树叶到黄瓜，许多植物身上都有乳酸菌。无论何时将这些植物浸入卤水、泡在腌渍液或以其他方式发酵，乳酸菌的繁殖就会将培养基酸化（例如，酸奶可以通过将辣椒茎浸入牛奶制成）。乳酸菌是革兰氏阳性菌（具有厚而多层的肽聚糖层）、兼性厌氧菌（能够在无氧条件下生存），无孢子、不游动、耐酸且通常是杆状的，但它们也可以是圆形的。它们产生的酸抑制其他可能更危险的细菌的生长。它们喜欢富含矿物质和碳水化合物的栖息地，因此它们存在于葡萄酒、啤酒与发酵蔬菜和乳制品中。但是，它们也具有多样的代谢能力：它们几乎可以在任何地方，在任何条件下生存，比如在极端寒冷或长时间的储存空间中。它们通常存在于植物及人类和动物体内。这种巨大的耐性正是它们能将食物发酵成功的原因。

微生物生产这些食物的方式取决于它们是同型发酵（homofermentative）还是异型发酵（heterofermentative），名称与生殖偏好无关。相反，它们指的是一种微生物发酵碳水化合物时所产生的副产物。同型发酵的细菌以葡萄糖为食，产生乳酸作为它们主要的副产物。这种细菌通常用于乳制品发酵剂中，制作酸奶与奶酪。异型发酵细菌以葡萄糖为食，产生乳酸、乙醇、乙酸和二氧化碳。任何一种异型发酵细菌产生的副产物都是不定的。正因如此，它们不会出现在很多限定的发酵制品中。这种细菌会导致奶酪产生缝隙与裂纹，酸奶包装胀气。有时乳酸菌从其他物质中产生气体，例如柠檬酸盐、葡萄糖酸盐和某些氨基酸。
如果控制得当，这些可以赋予酪乳、酸奶油和发酵黄油风味及其
他可取的品质；如果控制不好，它们可能破坏发酵。

在理想条件下，乳酸发酵像一场精彩的演出。没有哪一种细
菌一直处于支配地位。在发酵过程中，全体细菌都扮演特定的角
色，每一个角色都提供着独特的风味或气味。以库克钟爱的酸菜
为例，在序幕中，卷心菜首先被紧密地塞入木桶里，好氧细菌站
到聚光灯下；存在于卷心菜和水中的其他微生物则是众多客串演
员，帮助好氧细菌。它们协力发酵产生乳酸、乙酸、甲酸和丁二酸，
引发液体冒气泡并产生泡沫。此阶段活性增加，同时 pH 值降低。

然后，异型发酵乳酸菌出场，这导致乳酸浓度上升至 1%。
在缺氧、高盐和低 pH 值的诱惑下，同型发酵乳酸菌占据舞台，
乳酸浓度上升至 1.5% 到 2.0%。最后，木桶中上演最后一幕（只
有在木桶中陈年的酸菜才会发生这种情况，比如熟食店里的酸
菜），短乳杆菌（*Lactobacillus brevis*）与一些以细胞壁分解
释放出的戊糖（带五个碳原子的单糖）为食的异型发酵细菌一起
登场。酸的浓度现在上升至 2.5%。随着味道浓郁而复杂的酸菜
诞生，整场演出落下帷幕。

酸化使培养基变得不适合食源性病原菌与其他不良微生物生
存。一旦培养基变得太酸不适合继续生长，乳酸菌就会停止繁殖。
在发酵的最后阶段，乳酸菌和其他耐酸细菌在溶液中占据主导地
位，这会保持发酵蔬菜制品的货源稳定性。

与所有的发酵一样，蔬菜发酵也有赖于微生物、环境条件、
用于发酵的物质与其他细节之间错综复杂的相互作用。因此，任

何发酵蔬菜制品的品质都具有一些当地的特色。源自一地的配方可以被分享或被改动以适应另一地。例如，酸菜一旦登上了库克船长的船，它就不再是荷兰所特有的食物了（事实上，酸菜根本不是荷兰特有的食物，它很可能起源于中国北方）。当英国人更加熟悉酸菜后，他们开始按照自己的口味添加苹果和梨，以及莳萝、橡木和樱桃叶。德国人更喜欢加了大量葛缕子籽的酸菜，而波兰人则喜欢加入野生蘑菇，根据传说，波兰人的食谱是从鞑靼人而来。

然而，人们也可以找到发酵制品之间的共同点，尤其是生产过程中的共同点。除非被遥远的距离与久远的时间阻隔，不同地区制作酸菜的技术一般都很相似，窖池发酵就是一个例子。在库克的时代，用卤水腌制的卷心菜被放在木桶或铺有木板的窖池中发酵，这种大批量制作酸菜的方法在当代的欧洲已经很少见，但是在南太平洋地区却很常见。岛民们首先挖一个坑，并在里面铺上香蕉叶以防土壤污染。他们把清洁和干燥的淀粉类水果及蔬菜放在坑里，例如香蕉、大蕉、木薯、面包果、芋头、红薯、竹芋和山药。他们把更多香蕉叶铺在放满了食物的坑上，在香蕉叶上放上石头。接下来的三到六周里，窖池里的东西会发酵，之后岛民们将其取出浸在液体里或者在太阳下晒干（据说，刚从窖池里取出的东西有强烈的气味，这是因为丙酸的存在，丙酸也赋予瑞士奶酪独特的臭味）。只有在烹制（这个耗时费力的过程的最后一步）后，发酵好的东西才被认为是适合长期储存的。

窖池发酵不仅仅存在于遥远的太平洋小岛上，它还"幸存"于亚洲最高的山峰之间。喜马拉雅山脉的居民用它来制作一种发酵绿叶蔬菜制品。他们制作这种发酵制品的起因堪称传奇。古代尼泊尔的农民们在遭遇战乱逃离他们的村庄后，留下的水稻与绿叶蔬菜可能会烂在地里或落入侵略者手中。一位名字已被历史所遗忘的统治者想到了一个防范这两种不测的点子。他创造出某种方法让入侵者看不到作为储存物资的腌蔬菜。农民开始执行他的计划，他们挖坑并用收获的大米和萝卜根填满坑，再用干草和泥土覆盖在坑上。每当战争的威胁消失或侵略者离开后，他们就会返回清空这个坑。虽然大米变得难闻，但是蔬菜却呈现出一种奇妙的酸味。它们在阳光下干燥几天后，味道更好，尤其是添加到泡菜和汤中时。事实上，这种方式制作的蔬菜贮存得非常好，适合存储或者运输，非常适合旅行者或者喜马拉雅山脉漫长的雨季，因此它成为尼泊尔人饮食中的主要

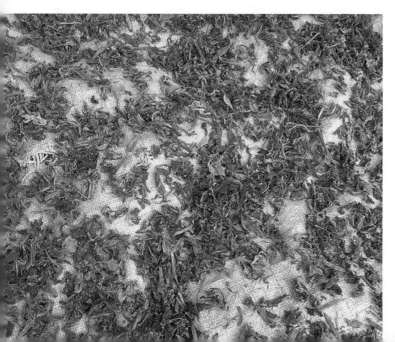

◁

这是一种用菜花的叶子制作的窖池发酵产品。窖池发酵赋予绿叶蔬菜一种令人愉悦的强烈味道，与众不同的风味、便携性和耐存储性使它成为尼泊尔饮食中的主角。

食品。

任何需要用到铲子的蔬菜发酵过程，都可能是窖池发酵。幸运的是，世界各地的人们都找到了不需要挖洞的发酵方法。一种起源于古代的方法——容器发酵，今天依旧很流行。韩国人爱吃的泡菜，几个世纪以来就采用这种制作方法。新罗王朝晚期的文献中将石质泡菜坛列为俗离山（Mount Sokri）附近法住寺（Bupju temple）制作发酵蔬菜制品所需物品之一。在高丽王朝中期的书面记录中，当时的一位诗人写道："用大豆酱腌制的泡菜在夏天味道很好，而用盐水腌制的泡菜在冬天是很好的配菜。"韩国人认为，盐水中的大蒜和红辣椒可以驱赶恶灵，它们至少确实驱赶了有害微生物。生姜、橘皮、梨、蜜瓜也可以用于发酵泡菜。

正如诗人所写，季节不仅影响了泡菜的味道，还影响泡菜的制作和储存。在夏天，泡菜仅能保存几天，这是传统的制作泡菜的季节。为了贮存更长时间，人们把泡菜放进井里或把装有泡菜的石坛埋进土里。在炎热的天气，这些储藏方法避免了泡菜的腐败，泡菜可以帮人们度过没有新鲜卷心菜的整个冬天。然而，泡菜不仅是蔬菜匮乏时期的供给。在发酵过程中，它散发出令人着迷的风味，成为人们喜欢的调味品。直到今天，韩国人几乎每一餐都要吃泡菜。

在西方，与泡菜相对应的是橄榄。与泡菜一样，在容器里发酵橄榄的做法由来已久。为获取果实而种植橄榄树的行为，可以追溯到公元前12世纪。它始于小亚细亚半岛，后来传播到了希腊，以及非洲部分地区。罗马人助推了这一传播，正如他们对忠爱的

这个博物馆微缩模型展示了制作泡菜的传统方法。泡菜可能是所有韩国菜肴中最具代表性的一种，它发展出了众多品类。作为一种易于储存的发酵制品，它在食物匮乏时期为人们提供了重要保障。而泡菜在口味上的许多优点也让它受人追捧。

葡萄藤所做的一样，他们在各种气候、环境允许的地方种植橄榄树。生活在 1 世纪的农学家兼作家科卢梅拉（Columella），因橄榄具有不用精心照料就可以果实多产的品质，将它称为"树之女王"。

科卢梅拉没有错。橄榄树易于丰产的特性使其果实很适合贸易。人们在罗马沉船中发现了装满橄榄果实的陶罐。然而橄榄树会给它的种植者们带来一点麻烦：它的果实只有经过发酵才适合食用。发酵去除了橄榄苦苷（oleuropein）——橄榄特有的苦

味的来源。发酵时，人们需要将成熟的橄榄洗净并浸泡在盐浓度
为 5% 到 7.5% 的卤水中（人们很少发酵未成熟的橄榄，因为它
们的苦味只能用碱液去除，而在 19 世纪前碱液是一种不常见的
化学制剂）。随着时间的流逝，卤水中的各种微生物开始定植，
其中就包括酵母。当卤水将橄榄中的水分浸出，人们会在卤水中
加入更多的盐。盐与厌氧环境一起限制了本应与乳酸菌竞争橄榄
中糖分的其他微生物的数量。细菌的糖代谢产物降低了卤水的
pH 值，使卤水更不适合不良微生物生存。在卤水中，橄榄中带
有抗菌特性的橄榄苦苷会帮助细菌（希腊、土耳其的橄榄所具有

▷
这是 19 世纪德国教
科书中橄榄树的叶子、
花朵和枝干的插图。
橄榄很特别，需要经
过发酵才可食用。橄
榄既多用又美味，还
易于种植。

的微苦但果味十足的特色，要归功于其中残留的橄榄苦苷）。发酵继续，直到只剩下植物乳杆菌（*Lactobacillus plantarum*）和德氏乳杆菌（*Lactobacillus delbrueckii*）。在最后阶段，酵母菌也参与到发酵中，如果数量适宜，它将赋予橄榄诱人的品质。然而，如果酵母菌过量，则会导致橄榄膨胀、卤水浑浊，并发出不好闻的气味。酵母数量刚好与过多之间的精妙平衡，需要人们仔细监测。

　　发酵的原因、作用及影响对普遍缺乏科学了解的年代的人来说，似乎是奇迹。当发酵使植物变得可以吃且有营养时，就更加神奇了。即便在今天，在世界上的很多地方，这种发酵仍然意味着盛宴与饥荒间的区别。木薯就是一个很好的例子。木薯是一种灌木状植物，生长在非洲与东南亚等地，是许多人和动物的重要食物，它出现在粥、面包和其他主食中。生木薯含有剧毒，不过，正确的处理和制作将它转化为可靠的食物。那些依赖木薯为生的人，要遵循一定的处理流程。首先，除去根的外层纤维并将其含淀粉的内层果肉切块。然后，将切好的木薯块放入麻袋中，将麻袋挂起并压上重物以绞出汁液。在木薯被挂期间，乳酸菌在木薯中大量繁殖，接下来的发酵中和了其中天然存在的氰化物。然后，充分发酵的木薯被磨碎、晒干，最后烤干。最后的成品可以用来制作从蛋糕和面包到咸味油炸馅饼等各种食品。当然，制作方法因地而异。小说家钦努阿·阿契贝（Chinua Achebe）在他 1958 年的小说《分崩离析》中描写了他出生地尼日利亚的传统方法，"他们每个人都带着一个长藤条篮子、一把砍断柔软木薯茎用的大弯刀，和一把挖茎块的小锄头。当他们收获了一堆后，就把它分成两批带到溪流里，那里每个女人都有一口浅井，来发酵她自己的木薯"。

苏丹人采用与阿契贝所描述的类似方法处理钝叶决明（*Senna obtusifolia*），钝叶决明与木薯一样，天然具有毒性。人们将叶子捣成糊状，把糊状物放入陶土容器中，用高粱叶盖住

▷
这是削木薯块茎的女人。作为非洲部分地区的主食，木薯必须在食用前加以发酵，不然会产生氰化物。未经加工的木薯是有毒的。

容器，再埋入凉爽荫蔽的地里。糊状物在那里发酵大约两周，人们需要每三天搅拌一次。然后他们把发酵完成的糊状物捏成直径约三到六厘米的球形，放在太阳下干燥，为贮存做准备。这样做成的酱具有强烈的刺鼻气味，经常会在其制作者身上久久不散。一句谚语说道："你用右手吃的时候，左手上也会闻到味道。"这仅仅是一个小麻烦。尽管酱散发着臭气，但它刺激的风味使原

本平淡的汤、炖菜和菜品变得鲜美。

人类发酵的食物几乎涵盖了每一种水果与蔬菜。在世界各地，发酵主要是在生产者的家里进行。这是因为这一过程需要精心的照看，因为容器通常是石质或陶制的，不便于运输；还因为这些容器盛放的东西容易变质或失衡。更重要的是，这也暗示了发酵者的生活状态。以古老方法制作发酵制品，表明人们很大程度上处于定居且和平的状态，或者至少，是极少数巨变中的幸存者。

与其他很多食物一样，发酵蔬菜制品后来变成标准化、大规模生产的对象，这同样表明人们处于大范围移动且带有扩张目的的状态。简言之，他们试图探险、发动战争、征服和占领。因此，他们需要足够稳定的发酵制品来陪伴他们踏上远离家乡的冒险之路。

1800 年，拿破仑·波拿巴决心征服欧洲。在为实现这一宏伟目标而进行的准备中，有一项是为他的海军士兵们提供食品。他寻找肉类和蔬菜，向能发明出海上贮存食物方法的人提供 1200 法郎。一位名为尼古拉·阿佩尔（Nicolas Appert）的法国厨师提出了一个大胆而冒险的方案。他委托别人吹制了各种形状的玻璃瓶，玻璃瓶从可以容纳一定量的果汁到可以放下一整只水煮羊的都有。他用软木塞塞住瓶子，玻璃瓶里的食物没有变质。在领取奖励后，阿佩尔于 1811 年出版了《保存各种动物与植物物质的艺术》。这是第一本以食物保存方法为主题的烹饪书。

阿佩尔的解决方案自身带有一些问题。虽然玻璃瓶确实可以很好地保存食物，但是它们既脆弱又笨重，因此不便于存储或在崎岖的道路和汹涌的海上进行运输。不久之后，英国发明家彼得·杜兰德（Peter Durand）提出了自己的解决方案。他改进了阿佩尔的方法，用锡代替了玻璃。从此罐头诞生了。19世纪60年代，随着美国南北战争的爆发，罐头进一步得到了改进。不久之后，罐头食品就从士兵的口粮变成了疲惫不堪的家庭主妇的方便食品。一个普通家庭储藏室架子上的罐头与梅森罐（Mason jars）的数量可能不相上下。

　　工业界试图将军队在战争期间取得的技术进步变为在和平时期的赚钱工具。在1879年到1910年期间，大型企业开始将美国的食品种植、生产、销售体系控制起来。亨氏公司就是这样一家企业。该公司于1869年成立于宾夕法尼亚州的匹兹堡附近，它致力于开发一种将蔬菜在蒸汽中装罐的新式方法，这样就不需要将罐子放在沸水中煮了。亨氏的领导层立即看到这种方法所带来的经济优势：数量与品种更多的水果与蔬菜可以被贮存起来，并立刻运向市场（亨氏标签上那句"57个品种"或多或少体现了这一优势）。公司进一步设计了削皮、切片和腌制食物的方法，这些工作都曾经是由母亲、祖母、祖父和其他家庭成员完成的。发酵水果与蔬菜制品已经全面进入了大规模生产的时代。到1910年，该行业雇员超过68000人，生产了约30亿罐食品。

　　随着发酵水果与蔬菜制品的大规模生产，公司需要宣传它们的产品。大众营销正是亨氏公司迫切需要利用的东西，而它自身也是一个年轻但蓬勃发展的行业。这一行业当时的常用招数是用虚假卖弄与赠品，引诱消费者（大部分是女性）放弃他们的家务知识和技能，以享受轻松和便利。1893 年芝加哥举办的世界博览会上有亨氏的展台。造访展台的参观者可以品尝到公司的很多产品，公司的代表们将一种绿色泡菜形状的小挂件赠送给参观者们，

◁

这是尼古拉·阿佩尔发明的用来长期和长距离贮存食物的瓶子样品。虽然瓶子为阿佩尔赢得了拿破仑奖励的现金，但是它们的大小、重量及易碎性表明它们终将是不实用的。

这是公司的标志。这个小挂件可以系在手镯上或者钥匙圈上，持续提醒人们罐头蔬菜的优点。与此同时，市中心装饰着许多十分醒目的带着亨氏名字的电子显示牌，巧妙又鲜明地唤起人们对工厂生产的精美食物的记忆。

亨氏的高层们为了展示他们的生产活动是令人放心的，邀请公众参观工厂。"亨氏公司的车间给人的第一印象是，这是一间医院里的营养厨房，一群漂亮的护士在为病人制作着美食。"1911年的一期《公共卫生》杂志对此类参观的一次记录中写道：

> 不需要进行详细的描述，因为医院的清洁与卫生标准随处可见。"医生"可以轻而易举地看到"57个品种"是如何生产出来的。

公司希望给消费者留下干净的印象：只有亨氏工厂生产的泡菜没有致病菌。

与面包和啤酒一样，卫生运动使公众相信，在工厂里罐装的蔬菜更安全。而罐装蔬菜的工厂也没有打消这种印象的意图。事实上，二者一起宣传这种科学与医学上的合理性，并一起从中获利。消费者越来越喜欢口味一致和无菌的产品，亨氏及其同类公司就展示其生产活动，或者至少是精心策划安排的生产活动，来传递出足以让消费者偏爱的信息。与此同时，那些仍坚持自己制作发酵蔬菜的人开始更加小心地将厨房里的卤水也提升到类似标准。在这方面给他们指导的是家政学课本，如《普通女性的罐头制作书》。该书出版于1918年，它警告读者，"每一片水果或蔬菜，无论新鲜与否，其表面都会有微小的看不见的微生物"。家庭发酵者有责任对这些微小的敌人发动战争。

　　家庭发酵者在这场战争中获得了盟友，盟友就是微生物，不过家庭发酵者们都已经迷失在关于卫生的言论中。发酵艺术的要点就在于集结友军对抗敌军。尽管之前已有数百年的成功经验，现在这些经验却由于人们对微生物学不够了解而被打败，这门艺术开始失去追随者。

△
这是描绘亨氏公司泡菜制作场景的广告卡片。该公司率先以工业规模生产腌渍蔬菜制品。它还标榜其日常生产运营达到医疗清洁标准，与实际情况相比，这些往往只是表象。

第六章

微生物的魔力：奶酪、酸奶与其他发酵乳制品

我对自己说

如果瑞士奶酪

可以思考

它会想

瑞士奶酪

是世界上

最重要的东西

如果所有的东西

都会思考

就会如此看自己

——唐·马奎斯《阿奇和梅梅塔布尔》

　　由卫生运动引发的消费者偏好的变化，对牛奶生产和消费产生的影响，与对工厂生产的发酵水果与蔬菜制品的影响一样大。1886 年，卫生运动的价值主张已经对工业化食品的利益产生作用，即只有工业化食品才能为市场带来清洁、安全的食品，这种价值主张也开始被用于牛奶。那一年，德国农业化学家弗兰兹·里特·冯·索格利特（Franz Ritter von Soxhlet）根据巴斯德的理论设计出一种工艺来处理这种最易腐的动物性产品。他将牛奶加热到 60°C，保持 20 分钟到 30 分钟后，将它倒入无菌的容器中冷却。该工艺不仅确保了牛奶可以被安全饮用，还可以保存得更久，因此可以被运输到更远的地方。索格利特的方法是一个精细的工艺，需要谨慎与精确。温度高了会破坏牛奶的味道和口感，而温度低则无法消灭其中所有的有害微生物。

　　索格利特的工艺成功地将牛奶从其传统的市场之中解放出来，富人能够承担将新鲜牛奶带到餐桌上的费用；而农民离奶源很近，这意味着喝新鲜牛奶根本不必花钱。牛奶被送到了新消费者——收入不高的城镇居民面前，他们接触不到土地和奶牛，因此牛奶变成一种相对奢侈的产品。

　　然而，这些人可以经常接触以奶酪和黄油形式出现的发酵乳制品。事实上，将牛奶变成更稳定、更便携的食品的方法已经实践了几个世纪。发酵使牛奶这种高度易腐的食物变得更稳定、更便捷。而牛奶很自然地适应了这一转变。与新鲜蔬菜一样，牛奶是数不清的微生物的聚集地。干酪乳杆菌（*Lactobacillus casei*）、保加利亚乳杆菌（*Lactobacillus bulgaricus*）及其他良性细菌，发现牛奶这种由脂肪球、蛋白质、糖、盐、碳水化合物、矿物质、酶和水组成的混合物极其适合生存。[不幸的是，牛奶也适合李斯特菌（*Listeria monocytogenes*）、结核分枝杆菌及其他传染性细菌生存，谁也说不清一碗酸奶或一块奶酪中"庇护"的是什么。] 这些细菌使人们可以将高度易腐的牛奶转变成各种能够长期保存且营养丰富的乳制品。

这种转变可以形成三类发酵乳制品中的任意一种：乳酸菌类、酵母菌－乳酸菌类及真菌－乳酸菌类。第一类的典型食品有酸奶与嗜酸乳杆菌乳。第二类的食品，例如开菲尔和马乳酒（koumiss），依赖细菌和酵母菌发酵，表面会冒气泡。奶酪肯定属于第三类。带有霉菌斑点的洛克福奶酪，是真菌与细菌一起合作产生的美味且耐储存的典型食物。所有这些发酵食物的共同之处就是，乳酸菌以牛奶中的营养物质为食并使之酸化，从而促进有益微生物的生长。这些细菌也会使牛奶中营养物质生物利用率更高，增添宜人的气味和口味。

据说全世界的人消费着 400 多种不同类型的发酵乳制品。几乎每种文化中都有一种令人赞叹的发酵乳制品。其中大部分的发酵乳制品是嗜常温的，即在室温下发酵，自身可以作为引子，即可以从较早批次中取一小部分作为下一批的酵头。瑞典人用这种方法制作一种酸的液体乳制品，亚美尼亚人用这种方法制作柔滑细腻的酸奶。比用引子简单一些的方法是让牛奶中已经存在的细菌自行发酵。在埃塞俄比亚，与酸奶类似的一种饮品就是用这种方法制作的，而来自苏丹的类似产品也使用相似的方法。津巴布韦人将未经高温灭菌的牛奶保存在空葫芦或兽皮袋里使之发酵。喜马拉雅山区的人们用新搅好的酪乳中的固体物质制作一种自然发酵的奶酪。

乳制品发酵的起源可以追溯到遥远的过去。学者们认为,

◁
这是哈萨克斯坦致敬马乳酒的邮票。马乳酒是一种用母马的奶发酵的饮料。人们认为马乳酒有药用价值,作家列夫·托尔斯泰和作曲家亚历山大·斯克里亚宾(Alexander Scriabin)都是其拥护者。它属于酵母菌 - 乳酸菌类发酵制品,同属此类的还有开菲尔。

乳制品业——乳制品的生产、存储和配送产生于约 15000 年前的中东地区。当时，该地区的人们正从游牧向定居的农业生活方式转变。公元前 5000 年的北非岩画中描绘了早期撒哈拉牧民的牛，而大约同一时期的陶壶碎片上仍然有乳脂残留其上。约公元前 3200 年的苏美尔印章上，描绘着小牛或小羊在成年女性的陪同下离开木屋的画面。后来几个世纪的印章刻画了男人们给奶牛挤奶并加工牛奶的行为。

印度的乳制品起源也同样久远。印度教经文将太阳、月亮和星星的诞生地描写为牛奶的大海，因为人们认为牛奶是无尽的营养及生命源泉。古代印度人十分喜爱发酵乳制品。《吠陀》是一部古代宗教文学作品集，能追溯到公元前 1700 年的《梨俱吠陀》是该作品集中最早的一部作品，其中包含了 700 多条关于奶牛及其代表的富饶的参考文献。信仰吠陀的印度人发现牛奶非常健康，就把它当作药品和食物。他们发现其来源也非常健康，就赋予了奶牛和其他产奶动物特殊的地位。

奶酪制作与其他形式的乳制品一起发展。流行的理论认为，奶酪是因为牛奶在储存的袋子中凝结而被发现的。这要归功于袋子，它是用动物的胃制成的，因此其中残留有凝乳酶，一种消化蛋白质的酶。形成的凝乳可以加盐调味，挤压并干燥成一种美味的类似茅屋奶酪或菲达奶酪（feta，希腊著名的软质羊奶酪，译者注）的食物。考古学家挖掘出的已经石化的干燥乳球有贯穿中间的洞，可能是人们为了用绳子将它们串起并晾干而留的。

没有人知道奶酪最早起源于哪里，只知道各地都在制作奶酪。位于波兰的一个新石器时代遗迹的陶器碎片上有许多小孔，这表明这些碎片曾经是将凝乳与乳清分离的过滤器的一部分。埃及法老荷尔－阿哈（Hor-Aha）的墓中有两个装有奶酪的罐子，一罐奶酪来自上埃及，另一罐来自下埃及。在古埃及孟菲斯的市长塔米斯（Ptahmes）的墓中，有一罐可以追溯到公元前1300年的奶酪。塔米斯的奶酪也有布鲁氏杆菌（*Brucella*）存在的迹象，这种细菌可以导致布氏菌病引起发热高温、寒战、出汗和虚弱。在苏美尔，公元前2000年的乌尔第三王朝的楔形文字板上记录着奶酪的交易。而在中国新疆则发现了公元前1615年制作奶酪的证据。

早期的文学作品经常提到奶酪。《圣经·旧约》里约伯问道："你岂不是将我倒出来如奶，将我凝结起来如奶酪吗？"亚里士多德把创造婴儿的过程比作制作奶酪。他写到，男性的精液作用于女性的经血，导致"更坚硬的部分聚集在一起"。然后"液体从中分离出来，当土制的部分硬化，在其周围形成细胞膜"。荷马的《奥德赛》中有一只喜欢乳制品的独眼巨人波吕斐摩斯（Polyphemus）。奥德修斯在进入独眼巨人的山洞时评论："板条箱里装满了奶酪，所有的容器中游动着乳清，他用做工精良的桶和碗挤奶。"

罗马人对早期奶酪制作的描述无比详尽。1世纪的作家科卢梅拉对葡萄酒酿造及其他农业活动进行了详细的记录。他认为，对那些生活在远离城镇的人来说，制作奶酪与把牛奶桶运到市场比起来，显然是一种更加实际的做法。为了使牛奶桶里的东西凝结，他建议使用羊羔或小孩的凝乳酶。野生蓟花、红花（*Carthamus tinctorius* L.）的种子和无花果树的枝条或树

▷
这是描绘埃及奶酪制
作的象形文字。奶酪
起源于遥远的古代，
人们发现它与最早的
文明是同时期出现的。

汁也可以完成这项工作，最后一种可以制作出非常甜的奶酪。
科卢梅拉指导他的读者要尽快沥干乳清，将新鲜的凝乳挤压放
入模具或柳条篮里，并用重物压在模具或柳条篮上。在静置九
天后，奶酪就可以放进"一个阴暗寒冷的地方"熟成。他还建议，
制作者可以将它们的奶酪放入盐水腌几天，在阳光下晒干后再
食用。

　　科卢梅拉详细描述的几个步骤中，产生了几十种罗马奶酪。
老普林尼写过，最好的一种奶酪来自现在的法国尼姆市及其周

围地区。然而，因为它非常容易腐败，必须趁着新鲜食用。老普林尼也称赞了两种来自阿尔卑斯山的奶酪，以及某种来自罗马的烟熏山羊奶酪（然而，一种来自高卢的奶酪却因为强烈的药物味道令他反感）。他声称，浸泡在百里香醋里会使奶酪恢复其原有的风味。这个窍门有高贵的，甚至是神圣的先例，据说效果惊人。"传说琐罗亚斯德（Zoroaster，古代伊朗宗教改革者与先知，译者注）在荒野中依靠着用这种特殊方法制作的奶酪生活了三十年"，老普林尼写道，"他对年纪的增长毫无觉察"。

　　各个阶层的罗马人都吃奶酪。农民和其他乡下人吃一种叫莫雷顿（moretum）的草药奶酪酱，对他们来说，辛辣且浓郁的大蒜风味非常吸引人。罗马议员兼历史学家老加图记录了甜食的配方，他在《农业志》一书中记录了"胎盘（placenta）"的配方，这是一种浓郁的由多层面团和蜂蜜绵羊奶酪做成的奶酪蛋糕。书

◁
这张图再现了一种流行于古罗马的草药奶酪菜肴的样子。正如他们对葡萄酒的贡献一样，罗马人完善并发展了奶酪制作的艺术，用山羊、绵羊、奶牛甚至兔子的奶，制作出各种奶酪。

中还有一种较为简单的奶酪蛋糕的配方，它是将奶酪、玉米粉和鸡蛋在臼中捣碎，用盘子盖住并放在炙热炉底石上慢慢烤成的。但是纵容自己享用过多这种美食的人就有麻烦了。罗马人认为奶酪会重重地压在胃上，引起胀气或给消化系统压力。对于那些肠道内"隆隆作响"的人，老普林尼建议，兔子奶制成的奶酪是更合适的替代品。

古罗马人不喝新鲜牛奶，除非出于医疗原因，富裕阶级与中产阶级的成员避免饮用鲜奶。罗马人从希腊人那里延续了这种厌恶，希腊人认为鲜奶导致各种病症，从肥胖到不孕不育和懒惰。只有野蛮人才会甘冒风险。

尽管如此，喝牛奶的人还是打败了他们的罗马征服者。罗马帝国灭亡后，农民和基督教修道士继续制作奶酪，也就是所谓的"白肉"，它被证实是重要的蛋白质来源。然而，与需要粗糙但方便的食物的农民不同，修道士们享有足够的闲暇时间来制作他们的奶酪。他们进行了烹饪实验，并制作出各种美味的成品。

有时，制作奶酪的高超技艺会成为一种负担。查理大帝从巴黎到亚琛（Aachen，其皇家居所，现今位于德国西部）的旅行期间，在一位主教的庄园里停下用餐。他来访的日子是圣日，这意味着他既不能吃肉也不能吃家禽。主教恰好没有鱼了（鱼是可以允许的替代品）。然而，他手头有奶酪，类似于今天的布里奶酪（Brie）。他把奶酪端给了他尊贵的客人，客人品尝了奶酪柔软细腻的内部，把白色的外皮推到一边。主教告诉查理大帝，他推开的是"最好的部分"。查理大帝听了主人的话，吃了外皮并称它"像黄油一样"好吃。事实上，他对这种奶酪着了迷，立即命令主教每年将两车奶酪送到他亚琛的王宫里。

　　主教的庄园很可能位于皇宫附近的某个地方，因为软奶酪不适宜运输。事实上，许多修道院制作软质的白霉奶酪（Bloomy Rind），这表明他们优先满足本地需求。一款奶酪的市场——尤其是与生产场所之间的距离决定了其特性。软奶酪在靠近其销售城市的地方制作。硬质奶酪经得起崎岖的道路和汹涌的大海的考验，因此它们的制作场所不必距离销售市场太近。也正因为这个原因，它们可以出口获利。那些擅长制作硬质奶酪的国家变得富有起来。

　　在这方面，帕玛森奶酪（Parmesan cheese）堪称典范。14世纪，它在意大利北部被发明后，便成了托斯卡纳商人的宠儿。托斯卡纳商人将它卖到了从北非到法国与西班牙的沿海城镇的各个地方。它的含盐量很高且含水量很低，这使它在炎热的地方也可以保持风味。无论被卖到哪里，它都很受欢迎。英国日记作者塞缪尔·佩皮斯（Samuel Pepys）非常喜爱帕玛森奶酪，他将一些奶酪和其他的家产埋在了一起。

　　随着时间的推移，其他高盐、低水分的奶酪和帕玛森一起登上国际市场。领头的仍是荷兰人，他们的商业天赋帮助他们在贸易活动中脱颖而出。奶酪与啤酒是荷兰经济的支柱，许多荷兰人也为它们着迷。一位英国政治家，在一篇访问荷兰的报道中讲述了这个国家的公民怎样在过去被称为"傻瓜、吃奶酪和牛奶的人"。英伦诸岛的一本小册子将荷兰人描述为"强壮、肥胖、两条腿的奶酪蠕虫"。尽管饱受轻蔑，这些强壮的"傻瓜"却成为欧洲最富足、营养最充足的民族之一，这在很大程度上要归功于奶酪。

▷
这是描绘中世纪奶酪
制作细节的手稿。农
民们吃的奶酪往往质
朴简单，但营养丰富。
与此同时，制作更优
质的奶酪的任务落在
了修道士的肩上，他
们有时间解决这项工
作的各种困难。

　　正如同他们在啤酒贸易中做的一样，荷兰政府将农民和商人
置于奶酪贸易的有利位置。他们将由泥潭沼泽和盐碱牧场组成的
土地变为适合发展乳制品业的田地。他们抽干湖泊，建造堤坝和
风车，并在可用的土地上种植喂养奶牛的植物。他们用自己的夜
香——收集人类排泄物获得的粪肥，与牛的粪便、肥皂锅炉的炉
灰一起，使土地更肥沃。荷兰人挑选了身形和产量都很大的奶牛，

每一头据说可以每年产奶 1350 升。

因此，荷兰的农村腹地以前所未有的方式滋养了其不断增长的城市。牛奶成为国民饮食的支柱，而且闻名世界。17 世纪的人文主义者海伊曼·雅各比（Heijman Jacobi）写道："甜牛奶、新鲜面包、优质的羊肉和牛肉、新鲜的黄油和奶酪可以给人带来全面的健康。"这个"六重奏"里的三名成员皆来自强大的乳制品业。乳制品食物既丰富又便宜。似乎每个人，无论多么富有或贫穷，都食用它们。一个没什么钱的人也可以在面包上抹上黄油再放些奶酪或者肉（英国人将此视为荷兰人挥霍的例子）。甚至孤儿和流浪汉也喝牛奶、吃奶酪。对工人阶级来说，乳制品是一种富含蛋白质的食物，能为他们辛苦工作提供能量；对中产阶级来说，乳制品数不尽的种类是新奇的事物，让他们远离无聊。17 世纪的英国自然学家约翰·雷（John Ray）在他的《遍历低地国家：德国、意大利和法国》一书中写道："他们经常拿出四五种奶酪放在你面前。"

雷看到的现象并不罕见，每一种场合都有适合的奶酪，而且每种奶酪都有独特的滋味。例如，舒适的客厅适合用小而圆、新鲜美味的奶酪，而海上航行用的奶酪覆盖着姜黄、藏红花及其他防腐草药，饥饿的水手们为它增添了一些辛辣的口味。

奶酪供给的多样性给了荷兰人丰厚的回报。17 世纪 40 年代，豪达市每年销售近 230 万千克奶酪。到 17 世纪 70 年代，这一数字超过了 270 万千克。阿尔克马尔、鹿特丹、阿姆斯特丹和霍伦等城市与豪达一起，成为奶酪出口的主力军，其中霍伦奶酪的市场遍布整个欧洲。

鉴于在 17 世纪的大部分时期，人们对微生物及其作用的知识不够了解，荷兰在奶酪业的霸主地位日渐稳固。尽管 1665 年，罗伯特·胡克观察到了奶酪上"蓝色、白色和几种长毛的霉点"，而此后 200 年才有人对这一观察结果采取行动。在那一刻到来之前，如同千百年来所经历的一样，奶酪继续用来已久的反复试错的方式制作。

然而，奶酪也深刻地受到个人、动物及本地条件相互交织的影响。技术和风土共同决定了奶酪的味道和质地，吃富有营养的苜蓿的动物产出的奶，与啃食山区草药的动物产的奶，完全不同。一款奶酪里的微生物可能来自任何来源——挤奶的器具、风甚至挤奶女工自身。因此，每一个品种的奶酪都有其标志性风味。奶酪是一种被紧密捆绑在其产地上的食品，很长时间以来它都拒绝为了出口到更大市场而被标准及同质化的品种束缚。

尽管随后的创新为奶酪带来了全球范围内的商业活力，但是奶酪制作的根基仍然没有改变（事实上，这些制作方法今天仍在许多农庄内使用）。即加热牛奶，接种一种酵头培养物，使用凝乳酶或其他凝结剂凝固。凝结的程度决定了奶酪最终的含水量及其发酵速度。例如，布里亚－萨瓦兰（Brillat-Savarin）的凝乳被轻轻地从乳清中分离出来，以保存大部分水分。这种软质奶酪是为了纪念法国《味觉生理学》的作者而命名。该书出版于 1825 年，是食物写作的先驱。而硬质奶酪埃门塔尔奶酪（Emmentaler）的凝乳则用大型钢梳切开，这种工艺可以排出更多乳清。凝乳切得越细，奶酪就变得越硬。切好后，凝乳被沥干，放进模具或箍圈里挤压。然后，人们将它们从模具中取出，

Flying they out of the sky came bringing cheeses

◁
这是雷切尔·鲁滨逊·埃尔默（Rachael Robinson Elmer）为某书中《想要更多奶酪的男孩》一章绘制的插图。由于荷兰政府的举措，奶酪制造业在荷兰蓬勃发展，奶酪成为该国最充足的食品之一，数量多到似乎成了商店货架和储藏间的负担。

擦上盐并浸泡入卤水中。

当然，更具体的过程取决于奶酪的品种。有时候凝乳会被加热，奶酪被放在凉爽的地窖或山洞中静置熟成。通常它们的外皮会事先用盐水清洗，使其硬化便于运输和长时间储存。布里与其他的白霉奶酪，会陈化几周，然后放在木盒里以保护其脆弱的外皮。而微生物始终都在施展它们的魔力，它们将一团凝乳变成风味细腻的马斯卡彭奶酪（mascarpone）、充满泥土味的臭主教奶酪（Stinking Bishop）或其他几百种奶酪中的一种。对熟成奶酪来说，微气候决定一切。奶酪的风味可能因为制作的季节或食用当日天气的变化而变化。

在 19 世纪，以往奶酪制作中不可避免的偶然因素屈从于标准化。蓬勃发展的制造业带来了大规模生产奶酪的可能性。奶酪被认为是工厂工人的完美食品。它不易变质、含有丰富的蛋白质和重要营养元素，如果制作得当就会美味又令人满足。1851 年，纽约州罗马市的杰西（Jesse）父子和乔治·威廉姆斯（George Williams）建造了专门制作和陈化奶酪的设备。这些设备与附近的农场隔开单独放置，可以处理大量的牛奶。在它运行的第一个季度，威廉姆斯夫妇的工厂生产了 45360 千克搅拌凝乳奶酪，产量是一家颇具规模的农庄的五倍。

这一尝试取得了巨大的成功。威廉姆斯夫妇发现，他们可以生产大量的奶酪，并节省劳动力和供应成本。更重要的是，他们的奶酪实现了可靠和可控，能抵抗风土和季节的变迁带来的影响。此外，它的制作成本更低，售价也更低，这帮助他们的切达奶酪（Cheddar）占领奶酪市场。

威廉姆斯夫妇的工业化方法在 1866 年得到了改进。那一年美国奶农协会（American Dairymen's Association）向奶酪制造商们介绍了一种更科学的奶酪制作方法，这种方法对温度和酸度及发酵的时间，都有精确的要求。

这种方法刺激了整个纽约州切达奶酪工厂的增长，当然也有工业化的力量和战争刺激需求的贡献。数百万女性的家务负担随着她们的丈夫去参加美国南北战争而变重，于是她们倾向于选择购买工厂生产的奶酪，而不是在家自制。大西洋彼岸的需求也在增长，因为英国需要进口奶酪来养活新兴工厂工人。工厂生产的奶酪不仅方便，而且便宜。缩短了的发酵时间让奶酪中含有更多的水，因为奶酪是按重量出售，水起到了降低价格的作用。虽然这扼杀了奶酪的风味，但需求仍在激增。

不幸的是，激增的需求使制造商开始弄虚作假，例如使用填充物、脱脂奶油或将奶油替换为猪油。然而，掺假最终导致美国作为主要切达奶酪生产国的地位下滑，因为进口商转向加拿大和澳大利亚寻求更好的产品。

与此同时，制造业的科学进步日新月异。在 20 世纪初，查尔斯·汤姆（Charles Thom），一位真菌学家，将欧洲农庄的做法用于奶酪制作的工业化，确定了生产洛克福和布里等奶酪所必需的霉菌。汤姆是一位专注的农民，他相信科学可以解开手工奶酪制作的秘密。1899 年，他获得了密苏里大学授予的博士学位。四年后，他在斯托尔斯试验站牵头进行奶酪研究。在 1918 年出版的《奶酪之书》中，汤姆写到，奶酪制作的艺术"已经在广大且不同的地点发展到了完美的高度"，而"制作和处理这些奶酪

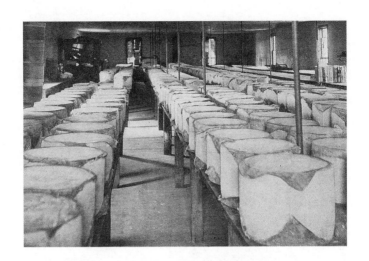

△

这是成排的奶酪在工业化设备中熟成的画面。在 19 世纪，随着人们对工艺的理解变得更加科学和精确，奶酪制作变成了一项大生意，这导致标准化的诞生和产量的飞跃。

的实践，与气候、当地条件和人们的习惯密切相关"。食物与地点之间的关系如此重要，以至于"这些奶酪的制作专家转移到新的地方，会导致行业迁移的彻底失败"。然而，对"牛奶中微生物的本质及控制它们的方法"的理解可以替代这些专家的知识。

　　这一信念标志着汤姆漫长而硕果累累的职业生涯的开始。在那里，汤姆通过复制能使理想微生物群组繁衍的条件，把传统的欧洲奶酪制作带到了现代美国工厂。他发现霉菌中的卡门柏青霉（*Penicillium camemberti*）和娄地青霉效果极其显著。青霉和曲霉后来成为人们研究的对象，而他则成了这方面的权威。汤姆继续研发和改进了众多发酵工艺。由于他的研究，数百万的美国人能够享用欧洲奶酪。

　　在 20 世纪 30 年代，由于单一菌种酵头培养物取代了早期的引子和野生接种法，商业奶酪制作再次取得进展。与此同时，

△
这是奶酪加工厂的工人正在打包一块洛克福奶酪。20 世纪初的狂热卫生运动使市场更愿意选择工业化奶酪制造商，他们能够将产品进行巴氏杀菌、挤压并密封，吸引了害怕细菌的消费者，他们愿意牺牲风味来换取安心。

经济萧条及后来的工业化农业的经济压力，使许多农庄破产、被清算，他们生产的奶酪也随之消失。

随着农庄奶酪的消失，奶酪制造迎来了彻底的工业化。这一过程中卫生和无菌的概念使消费者们对产品产生了全新的态度。当代法国文化人类学家和营销专家克洛泰尔·拉帕耶（Clotaire Rapaille）写道："美国人用巴氏杀菌'杀死'了他们的奶酪，他们选择用塑料袋预先包装好，然后密封包装，储存在'太平间'里（也称为冰箱）。"（拉帕耶和他的同胞们喜欢把奶酪放在钟形罩里在室温下保存）对拉帕耶来说，与加工奶酪最密切相关的词是"死亡"。这对数千年来为穷人食物增添风味及复杂性的微生物军团来说，确实是死亡。

多亏一位动物学家及后来的诺贝尔奖获得者的努力，其他种类的发酵乳制品得以存活。

1888 年，巴斯德邀请动物学家埃利·梅契尼科夫（Élie Metchnikoff），到法国巴黎的研究所学习。梅契尼科夫于 1845 年出生于一个乌克兰的小村庄，后来成了免疫学之父，并在 1908 年获得了诺贝尔奖，因为他将刺插入海星时偶然发现了巨噬细胞——在感染部位发现的白细胞。根据这一系列的发现，他研究出一套详尽的关于细菌与衰老之间关系的理论。

梅契尼科夫在接受巴斯德的邀请时，正在对免疫反应进行各种调查。在该研究所，他继续着他的工作。然而，他被慢性消化不良困扰。为了治疗，他喝酸化的牛奶。一天，一位同事向他介绍了保加利亚酸奶。这种特别的食物，因其明显的效果引起了他的兴趣：吃保加利亚酸奶的农民通常特别长寿。梅契尼科夫推测，他们的长寿或多或少要归功于他们所吃的酸奶。1908 年，他在一次关于老年的演讲中分享了他的理论。他告诫听众要避免生食，他认为生食上覆盖着细菌，而要多吃酸奶，因为它对有害的肠道细菌有效果。他的演讲引发了酸化牛奶的风潮，人们用它来治疗从婴儿腹泻到成人便秘等各种疾病。

梅契尼科夫在他的著作《寿命延长：乐观的研究》中进一步阐述他的观点。在书中，他认为虽然大部分细菌确实产生导致疾病的毒素，但是也存在一系列可以延长生命的细菌。与巴斯德一样，梅契尼科夫注意到了乳酸菌可以改变食物。他举例，酸化牛奶可以变成"许多种奶酪"，食物会经历一个"自然酸化的过程"，例如酸菜、黑麦面包、格瓦斯（kvass）。

他并不是第一位注意到这一点的人。1780 年，瑞典化学家卡尔·威廉·舍勒（Carl Wilhelm Scheele）发现了酸化牛奶里的乳酸菌（舍勒还在 1773 年发现了氧气）。然而，他的发现被遗忘了。直到 1813 年，当南希植物园的院长亨利·布拉科诺（Henri Braconnot）再次观察到发酵的大米、变质的甜菜汁上活着的细菌时，乳酸菌才被重新记起。他称这种细菌活动的副产品为"南希酸"。直到巴斯德从腐败的黄油中看到了乳酸菌和丁酸，乳酸菌才开始被系统研究。1873 年，英国外科医生约瑟夫·李斯特（Joseph Lister）发现链球菌（*Streptococcus*）引起牛奶凝结成块。从凝结成块的牛奶中，他分离出了乳酸乳球菌。

梅契尼科夫的研究表明，这种改变尤其有益于健康。乳酸阻止腐败的能力促使梅契尼科夫发问："乳酸发酵普遍能很好地抑制腐败，那么为什么我们不在消化系统内使用它呢？"

梅契尼科夫开始展示乳酸发酵的可行性。他在文献中收集饮用酸化牛奶的百岁老人的案例。他了解到，在凡尔登有一位于1751年去世的工人，在他活着的111年间，只吃无酵面包，只喝脱脂牛奶；据说在1838年以高龄去世的上加龙省的玛丽·普里乌（Marie Priou），在她生命的最后几十年里，她的饮食只有奶酪和山羊奶；而高加索的一位极为长寿的女性，她自己做家务、戒酒，并靠大麦面包和一些酪乳维生。梅契尼科夫提醒读者，"酪乳是一种含有大量乳酸菌的液体"，以免他们质疑他的这些例证。"自古以来，人类就是通过食用未烹饪条件下的物质，例如酸了的牛奶、开菲尔、酸菜或盐腌黄瓜，这些经过乳酸发酵的食物来吸收大量的乳酸菌，"他继续写道，"通过这些方式，人们不知不觉地减轻了肠道腐败的可怕影响。"

尽管有些案例值得怀疑，但是梅契尼科夫关于发酵乳制品的主张，还是有许多支持者。1919年，在西班牙巴塞罗那，酸奶生产的工业化开始了。到1925年，这种越来越受欢迎的发酵食物，开始出现在文学作品中。在英国作家伊夫林·沃（Evelyn Waugh）所著的《一抔尘土》中某个角色每天都忠诚地用勺子舀起"她的晨间酸奶"。20世纪70年代，梅契尼科夫的理论再次受到广告界的关注。马斯特拉尔广告公司的高层们偶然发现美国内科医生兼科学家亚历山大·利夫（Alexander Leaf）的研究成果，他声称富含酸奶的饮食是当时的格鲁吉亚的人民长寿的原因。该公司的发现恰逢其时。这是一种为他们的客户达能（Dannon）展开宣传的方式。达能的标志性产品——酸奶，当

 埃利·梅契尼科夫在他的实验室里。以酸化乳制品为主食的人的健康与长寿，促使这位生于乌克兰的动物学家开始实验，并发现了有益乳酸菌。

时的销量大幅下滑。该公司获得了拍摄电视广告的许可。广告拍摄于 1976 年，一年后作为宣传活动的一部分播放。一则广告的旁白中称："在格鲁吉亚，有两件与当地人有关的奇怪的事——他们的饮食中很大一部分是酸奶，而他们中的很多人能活过 100 岁。"格鲁吉亚人锄地、耕作、骑马，当然还有吃达能酸奶的镜头徐徐展开，每一位拍摄对象尽管年事已高但身体笔直又健壮。

作为宣传活动的一部分，一则平面广告以言简意赅的方式传递了信息。它只是一位身着传统服饰的老妇人坐在桌旁的图片，老妇人手中的勺子尖悬停在达能酸奶盒的边缘，装着水果和其他健康食物的碗占据着前景。图片下面的标题写着："格鲁吉亚的一位年长市民认为，达能是一种极好的酸奶。"马斯特拉尔公司为达能进行的宣传活动赢得了赞誉。

宣传活动结束后，人们发现这些格鲁吉亚人既没有他们声称的那么老，也不热衷于吃酸奶。然而，这些信息已经产生了影响，

▷
这是一张罗比诺太太
的照片，据称拍摄于
她105岁生日那天。
这位法国百岁老人是
埃利·梅契尼科夫研
究的几位百岁老人之
一。他试图探究长寿
的奥秘与发酵乳制品
在其中的作用。

开启的酸奶热潮一直延续到现在。

酸奶再次成为关注健康和死亡的人所钟爱的食物，且有更多的种类供人们选择。近年来，与酸奶一起挤在货架上的还有开菲尔和源自欧洲的夸克奶酪（quark）。

多样性能转化为可观的收益。业内专家预测，仅开菲尔一种发酵制品到 2025 年销售额就可以超过 20 亿美元。虽然富含发酵乳制品的饮食不一定确保你活到一百岁，但是它在当下是有益的。正如我们将在最后一章看到的，更强大的免疫力和更好的总体健康水平只是富含发酵牛奶饮食的两个好处。

第七章

美味又危险：香肠等发酵肉制品的优点和风险

> 早上，在一天工作最忙的时候，当女孩进入厨房，他们正用手抓盘子放着的香肠肉。有时她会帮助他，用她的手拿住肠衣，而他用肉和脂肪填满肠衣。有时，他们也会用舌尖尝尝生香肠肉，看看调味是否得当。
>
> ——爱弥尔·左拉《胖子和瘦子》

靠奶酪生存的穷人称奶酪为"白色的肉"，它提供的必要蛋白质，平衡了以淀粉为主的饮食。穷人们吃的任何真正的肉，很可能都是以香肠、火腿及其他发酵、腌制、熏制，或加工制品的形式出现。与奶酪一样，许多加工肉制品是用乳酸菌保存的。然而，与奶酪不同的是，奶酪均匀的浅色限制了掺假的可能性，而香肠与火腿一类的发酵肉制品可能含有很多有害和危险的成分。

美国农业部的一名官员曾经向食物作家韦弗利·鲁特（Waverley Root）承认，"在肉类中，我们得到的产品不仅容易污染而且极易掺假并隐瞒掺假"。

早在几个世纪前，这种容易污染并易于掺假的事已是不争的事实，远远早于现在所熟知的看"香肠是怎么做的"这句不明智的俗语。纵观历史，发酵肉制品是一种本着信任或绝望，或者两者皆有的精神而食用的食物。

在人类开始定居，从事农业生产的实践前，人类就贮存既充足又易腐烂的肉类（最近有消息称，早在40万年前，人类就把贮藏骨头作为一种保存其中骨髓的方法）。干燥的温带地区居民，在这项任务上有优势。干燥是快速完成任务的方法，而烟熏具有额外的抗菌效果。然而，这些技术仍然粗糙且不确定，用这些技术制作的肉一部分可能变质，一部分可能保存下来。

保存技术随着时间的推移而改进。肉是一种昂贵且相对奢侈的食物，肉类供应商有巨大的动力给每一块边角料找到用处。尽管学者们仍然不能确认历史上香肠首次出现的时间，但是有证据显示，约4000年前，美索不达米亚人用碎肉填入小肠肠衣，而早在2500年前，巴比伦人就将他们包好的碎肉发酵。然而，香肠制作的艺术在古代地中海地区得到了最大的改进。希腊人开发出了种类繁多的香肠，其中许多以猪肉为基础并用大量的香草和香料调味。在《奥德赛》中，荷马曾将刚抵达伊萨卡岛并忙于与佩涅罗佩的求婚者周旋的奥德修斯比作一根用"肥肉和血"做的、在火上来回地翻转的香肠，以此表达这位名义上的英雄的焦虑不安。

▷
这是在巴西马拉尼昂州户外干燥的肉。干燥肉类的时间可以追溯至人类史前时期，对于经常迁徙的人们来说，这是保存食物的最佳方法，因为食物易变质，保存食物可谓煞费苦心。

　　虽然早期的香肠含有各种馅料和调味品，但是它们都是用引子制作的，即用使它们发酵的细菌接种。香肠制作者会留出大约 5% 到 25% 的碎肉用来发酵后面的批次，具体的量取决于配方。如此大量的接种物可以防止有害细菌混合物的入侵和接管，这对于小批量制作来说是一种相当可靠的方法。多个菌株生活在一个接种物中，如果一个菌株死了，更强壮的就会取代它。

　　在香肠碎肉里"安家"的大部分是同型发酵乳酸菌，其中许多与植物乳杆菌（*Lactobacillus plantarum*）有关。有益的干酪乳杆菌与莱士曼氏乳杆菌（*Lactobacillus leichmannii*）、无害的酵母菌与霉菌，以及有害的李斯特菌，都可能存在。微生物的确切混合取决于各种因素的微妙作用，例如原料、大气、温度、空气循环及盐和其他添加剂的存在。萨拉米（Salami）

及类似的自然干燥香肠，会在约95%的表面被真菌群覆盖时开始熟成。随着香肠的水分在两周内减少，霉菌和酵母菌的数量将趋于相等。当熟成结束，霉菌仍然是主导微生物。一直以来，乳酸菌从碎肉着手，降低其pH值，使之不适合其他微生物生存。如果不出差错的话，最终的成品应该是香肠，和我们今天吃的香肠很像。

从早期到现代，香肠的发展之路"贯穿"罗马。与他们对

◁

卡莱·韦尔内（Carle Vernet），《卖香肠的人》，1861年，蚀刻版画。香肠也许是最普通但最常见的发酵肉制品，其品种众多要归功于在碎肉里定植的特定同型发酵乳酸菌，以及存在于制作香肠的混合原料中并在肠衣上定植的真菌群落。

葡萄酒与奶酪所作的贡献一样，古代罗马人引领了香肠制作技术的发展。他们的发明很可能是出于需要：祭祀和其他宗教仪式给他们留下了充足的香肠填充物——尽管一种猜疑流传甚广，即这些填充物来自感染瘟疫的驴子肉和夹在香肠制作者屁股之间的走私肉。通常，碎肉是由肉、血和内脏组成，罗马香肠制作者通过一种布漏斗将它们填入肠衣中。以这种方式准备好后，香肠就在富含有益微生物的洞穴中发酵，稍后被放在桦木和橡木的火堆上熏制。

　　罗马香肠有两种形状：宽的袋状的和长而细的。在 1 世纪时，美食家阿比修斯（Apicius）记录了这两种香肠的食谱。一种需要水煮蛋、松子、洋葱、大葱和大量的血。这种香肠被称为博特拉姆（botellum）。较细的香肠被称为卢卡尼亚（lucanian），可能是罗马人中最流行的一种。阿比修斯写道，为了制作它，要准备胡椒、莳萝、香薄荷、芸香、欧芹、混合香草、月桂果和鱼露（liquamen，一种发酵的鱼调味汁），然后将它们一起捣碎，与肉（大部分是猪肉）混合，填入肠衣，拉长到足够细，最后熏制。卢卡尼亚香肠被认为是众多意大利北部香肠的鼻祖，今天它们中的许多都被做成类似的形状。

　　阿比修斯所记录的香肠种类，整个罗马帝国都在食用。长香肠被挂在小旅馆和小酒馆的橡子上陈化，直到它们准备好被卖给饥饿的老顾客。卖香肠的人在城市的大道上趾高气扬地穿行。诗人马提亚尔（Martial）抱怨"一边端着熏香肠的热锅一边大声叫卖的卖馅饼的人"所引起的噪声。佩特罗尼乌斯（Petronius）的《萨蒂利孔》中有一段富有的自由人特里马乔（Trimalchio）

举办盛大宴会的描写。宴会的丰盛菜肴包括一只用布丁填满的烤乳猪，以及很可能是用这只猪的血和内脏制作的香肠。在奥维德（Ovid）写的《费莱蒙和鲍西丝》的故事中，烟熏火腿被挂在简陋的厨房里，名义上的房主们在那里接待他们神圣的客人。

　　虽然从诞生之日起，香肠就在市场找到了一席之地，无论是黑市还是别的市场，但是它并非在所有地方都能安家。湿度低和日照充足是制作出好香肠所需的条件。欧洲最北部的地区很难有这种条件。因此，那些地区转而寻求其他的替代品。挪威人有熏肉。制作时，他们将盐腌过的羊腿挂在气候可调节的区域，一种能使之变软的霉菌在上面定植。然后，他们对羊腿进行熏制，防止腐败生物在潮湿中形成，并将它挂在传统储藏室的柱子上干燥。3000 年前，挪威西部的游牧牧民就吃熏肉，维京人也吃。对维京人来说，它还有额外的优点，即可以经受住航海的严酷考验。它颜色深红，人们能明显地尝出动物的味道，它通常与未发酵的脆饼、鸡蛋和啤酒一起被食用。几千年来，熏肉在北欧饮食中发挥着重要作用。

　　在冰岛，那里与挪威一样普遍养羊，居民将羊肉放在乳清里腌制，干燥并熏制羊肉。经过这样干燥并熏制的肉是一种传统的节日菜肴。制作时，冰岛人将新鲜屠宰的羊切分成腿、前躯、颈脊和腹肉。他们将各个部位的肉泡进水里，加盐并在篝火上熏制约两三周。篝火可能是烧的泥煤、羊粪和桦木，每一种燃料都赋予它独特的风味。然后，在节日活动到来之前，新熏制好的肉被放进一间小屋进行干燥和储存。

　　气候越恶劣，发酵肉制品这种食物就越珍贵。芬兰最北端的

安德烈·卡玛塞（Andrea
Cammassei），《牧神
节》，约 1635 年，画
布油画。在这个喧闹的
节日里，香肠是罗马女
性追求永恒的青春与美
丽的特色食品。帝国晚
期是香肠在古代最后的
鼎盛时期。一直等到中
世纪，它才再次被视为
一道体面的菜。

　　萨米人用盐和乳酸菌发酵驯鹿的肉（驯鹿肉是当地的主食），然
后再将它清洗并放在缓慢燃烧的桤木、桦木或杜松木木片上冷熏。
格陵兰岛的主食则反映了因纽特人的狩猎文化。鲸鱼、海豹、海
象、驯鹿和其他动物的肉被挂在高悬于地面的木杖上几周，再放
入储藏室。如果它完全自然发酵，那么甚至连盐也不用加。因纽
特人有时也将来自同一种动物的肉放入封闭的皮袋子里，然后埋
在砾石海滩。

　　臭头（stinkhead）是全世界流行的发酵鱼制品中的一种。
鱼的数量众多但容易腐败，保存它们至关重要。发酵鱼制品提供
了饮食中缺乏的营养和蛋白质。发酵的过程将蛋白质、脂肪和葡
萄糖通过酶和微生物的活动转化成多肽与氨基酸、脂肪酸和乳酸。

　　高含盐量有利于细菌的耐受。细菌种类会随着发酵的进程而
改变。大约 20 天后，最占优势的菌种是乳酸菌、链球菌与片球

菌（*Pediococcus*）。如果操作得当，该过程会产生非常有营养的糊状物，或者因为谷氨酸盐含量高而富含鲜味的液体，这取决于其含水量。

世界上的每个地方都有其在发酵鱼制品上的花样。苏丹人会搭建起临时的棚屋来制作发酵鱼。在那些棚屋中，他们清洗整条鲜鱼，然后用盐覆盖并一层一层地码放在垫子上、篮子里或打了孔的鼓中，然后发酵 3~7 天。一旦充分发酵，他们将鱼沥去液体后放入较大的发酵容器里并加入更多的盐。他们把容器盖好并用重物压住盖子，让里面的东西再静置发酵 10~15 天。一旦做好，发酵鱼就被装罐或装袋并销售，在发酵过程中，它获得了柔软的质地、银色的光泽和刺鼻的气味。

发酵鱼制品盛产于东南亚地区。印度尼西亚人喜欢把小鱼

◁

这是按传统方法干燥的海豹肉。海豹肉与北极地区常见的其他动物的肉（驯鹿、鲸鱼、海象）一样，会在微生物的帮助下发酵。

或鲣鱼内脏与大量的盐混合，混合物在太阳下干燥 10 ~ 15 天，再发酵 30 天。菲律宾人习惯制作一种类似的食物菲律宾鱼露（patis），它需要陈化两年。而柬埔寨有一种用干净的去磷去内脏的泥鱼或月光曼龙鱼（后者与老挝菜的关系更为密切）做成的酱。其制作者用脚将鱼踩碎、晒干并放在大陶罐里，用竹子编的盖子盖好发酵。虽然这种酱在发酵三周后就可以食用了，但是发酵三年后的味道最好。它刺激的臭味为它赢得了"柬埔寨奶酪"的绰号，它经常与牛肉搭配，或者在餐桌上作为蘸酱食用。

无论是哪种动物肉的发酵制品，最终的制品都笼罩着毒性的阴影。比起面包、啤酒、葡萄酒或奶酪中的细菌，那些腐败肉制品中的微生物可以杀人。附加的危险来自发酵肉制品天然的刺激味道，这常常让人难以判断香肠或鱼酱是腐败了，还是仅仅是发酵时间太长了（腐败主要是分解肉类中的蛋白质物质；腐败也是用来描述不良细菌接管发酵制品时的术语）。在 10 世纪时，拜占庭皇帝利奥六世（Leo VI）在一场食物中毒爆发后禁止了血肠的制作。这种食物中毒经常发生，每次都是类似的症状：呼吸障碍、说话困难、视力模糊，但是没有人知道它是如何使人患病的。无论如何，颁布法律来防止或控制食物中毒的爆发效果十分有限。

突破于 19 世纪到来了。德国医学官员尤斯蒂努斯·克纳（Justinus Kerner）开始研究腐烂的肉与中毒之间的关系。1820 年，他将注意力转向了约 27 年前在符腾堡爆发的一次食物中毒。那次食物中毒事件中，有 76 人患病，另有 37 人死于食用了某种香肠。这种又厚又重的香肠用胃而不是肠做肠衣。克纳还发现，装入这里面的碎肉过于潮湿，无法像传统做法一样在家用烟囱里进行彻底的熏制。克纳从这种香肠中提取了他所认为的导致疾病的物质。1822年，他首次对香肠中毒进行了全面的论述。

这种酱可以搭配米饭和配菜食用。这道发酵鱼食品也被称为"柬埔寨奶酪"，它的制作方法是最无法引起食欲的。然而，如果让它放在一个地方陈化三周到三年时间，那么它就可以获得一种标志性的香气和味道。

而且，在那个时代特有的实验主义精神的鼓舞下，克纳通过给自己注射该物质来试图确认他的结论。这确实使他生病了，幸运的是，他活下来了。

事实证明，克纳已经分离出了致病细菌，它是在发酵的动物肉中生长旺盛的肉毒杆菌，喜欢温暖、酸度低的环境。克纳的发现由此促使符腾堡人改变了他们所珍爱的香肠的制作方法。但是，这样的公共卫生方面的成功没能战胜大规模生产发酵肉制品的巨大压力。问题是，香肠本身既不适合大规模生产，也不适合运输。例如，19世纪80年代德国出口到英国的数量可观的香肠中，有相当大比例的香肠在运输中腐坏了。一位英国的医生记录了一位42岁园丁的病例，他吃了罐装的德国香肠后突然病倒，经历了恶心、呕吐、寒战和呼吸困难，在这种症状中挣扎了八天后去世了。

这位园丁只是众多病例中的一个，调查人员后来追查到一种浸泡在溶解的脂肪中并封装在"圆柱形的铁罐"中的香肠。然而，还有和香肠一样致病的肉制品。肉饼是其一，1891年，它使13个人患病。另一种是猪腿，1878年，它导致3人死亡。在后一个例子中，责任属于销售场所，人们发现一位售货员把猪腿存放在一个名义上的贮藏室。它位于楼梯下方，通过通风口，一面与一个狗窝相连，这个狗窝从来没有被清理过，另一面与一个带地漏的水沟相通，水沟非常脏。

无论是否涉及狗窝或带地漏水沟，不卫生的环境通常是肉类变质时受到谴责的重点。这种谴责没有错。美国小说家厄普顿·辛克莱（Upton Sinclair）在他1906年的小说《屠场》中，揭露了美国肉类加工业应受到谴责的行为。他写道："人们从来没有对切碎制作香肠的东西给予丝毫的关心，它们都来自从欧洲退回来的老香肠，它们长着白色的霉。"然而，它们没有被丢弃，他继续写道："它将被加入硼砂和甘油，然后倒入料斗，重新做成供家庭消费的香肠。"新做好的香肠里没有任何让人喜欢的原料。其中有"曾滚出来掉在地板上的泥土和锯末中的肉，数不清的肺

结核细菌"和"干了的老鼠屎""泥土、铁锈、旧钉子和陈腐的
水",以及其他任何应该进入垃圾桶的东西。

辛克莱的读者们无疑开始欣赏奥托·冯·俾斯麦这句嘲讽的
含义,他说:"法律就像香肠,最好别看它们是如何制作的。"然

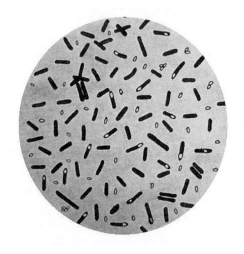

△
这是肉毒杆菌菌落。这种致命的微生物直至 20 世纪仍然
是罐头肉制品的中的隐藏危险,对任何食用发酵罐头食品
的人来说都是一个棘手的问题。人们永远无法完全确认,
他们是在品尝有益的(发酵)还是有害的(腐败)细菌的
产物。

而,正是法律最终使香肠可以安全食用。1906 年,美国的《纯
净食品和药品法案》约束了这类恶劣的行为。旨在帮助制造商合
规生产的书籍出版,例如《肉类腌制和香肠制作的秘密》,这是

一本在新的食品法案下正确腌制和发酵肉类的做法的概述。这本书的序言中写道：

> 本书中，有各种肉类处理与各类香肠加工的配方
> 和规则，其中有许多来自诸如肉类食品加工厂的专家
> 和化学家们对其各阶段业务进行研究所得的毕生经验。

　　虽然专家和化学家做了很多工作来改进肉类加工的清洁与安全，但是直到 1942 年，业界才找到了一种可靠的大规模生产香肠和其他发酵肉制品的方法。科学家们此前已经分离出负责制作干燥和半干的香肠与火腿的细菌菌株，但是该菌株在实验室条件下没有起作用。因此，他们转而开始分离其他种类的菌株。啤酒片球菌（*Pediococcus cerevisiae*）是一个优秀的"候选者"。它在肉类发酵过程中并不常见，于 20 世纪 50 年代作为第一种肉类酵种培养物被引入美国。在接下来的十几年中，人们致力于生产更具活性的乳杆菌酵种培养物。

　　在今天的美国，大部分发酵香肠的酵种培养物只含有乳酸菌。用它制作的香肠在高温下进行短时间发酵，而且作为额外的食品安全措施，某些品种后期会被熟制。与此同时，欧洲的香肠制造者采用了一种不同的方法。他们将香肠以低温进行长时间发酵，使用了三种微生物——葡萄球菌（*Staphylococcus*）、微球菌（*Micrococcus*）和考克氏菌（*Kocuria*）。除了温度、时间和微生物的区别，工厂生产的香肠往往缺乏小规模生产的深度和复杂度特色。例如，意大利辣香肠（Pepperoni）和它的"表亲"

夏季香肠（summer sausage）一起主宰了美国市场，而消费者很难通过风味分出不同的品牌。

　　幸运的是，较小规模发酵肉制品的生产已经东山再起。而且，由于政府的监管，消费者可以在知晓这些发酵肉制品不会杀死他们的情况下安全地享用它们。原材料可能仍然令人讨厌，以热狗为例，它由神秘的零碎物构成。但是，一家与香肠本身没有经济

◁

这是美国世味福公司的肉类检查员在肉类加工生产线工作的照片。小说家厄普顿·辛克莱等人揭露了肉类加工业的黑幕，包括卫生问题，肉类加工生产线和他们的产品充斥着各种有害微生物。他们最终赢得了胜利，1906 年，纯净食品法被纳入法律体系。

▷
这是 20 世纪初一种
商业香肠开胃菜的平
面广告。和其他常见
的发酵食品一样，腊
肉和香肠逐渐被科学
进步所同化。研究人
员分离出对发酵至关
重要的细菌，并将这
些细菌交给商人进行
商业化加工。虽然市
场上的产品会变得标
准化和单一，但是结
果是可靠安全的。

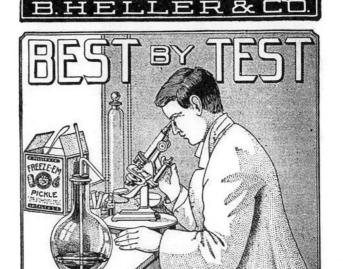

利益的机构的出现，确保这些曾经美味但危险的食物可以放心食
用。事实上，手工香肠的成功可以被认为是一种证明，证明了食
品科学的正确应用。卫生和生产方面的发展，让香肠和其他发酵
肉类也各自得到了发展。或许这是第一次，我们真正乐于看到它
们是如何制作的。

第八章

与营养品的不同关系：发酵食物的现在与未来

事实证明，健康的关键在于发酵。

——露丝·雷舒尔

　　几个世纪以来，发酵食物——面包、葡萄酒、啤酒、泡菜、香肠、奶酪，在饥荒与食物匮乏、古代王国的建立与工业化城市的建设中，为人类提供了营养，它们推动了贸易和探索。发酵，以及广泛意义上的食品贮存，给我们的祖先带来了些许的安全感，使他们可以关心一下自己下一餐之外的事情。

　　那些超越世俗的忧虑中，有些在本质上是科学的。我们对自然界最深处的探索，以及我们自身最深处的探索，揭示了生活在食物中和我们身体内的难以察觉的微小生物的整个王国，而人体可能是最理想的发酵容器。事实证明，人类的消化系统，是地球上最复杂的系统之一，是数万亿这些极微小生物的家园。例如，约有 1200 种不同种类的微生物生活在美国人的内脏里，既为宿主提供营养也从宿主那里汲取营养。

这一安排在我们出生前就开始了。胎儿时期，我们从母亲的羊水、胎盘、小肠和产道中吸收各种丰富且多样的微生物群组。新生儿时期，每当我们喝母乳时，就会增加我们的微生物群组，母乳中的微生物同样丰富且多样。

我们在四岁时，肠道微生物群组就得到了充分发育。其数量从那以后维持在相当稳定的状态。当微生物进入我们的消化道后，它们会在某处找到一个居所。然而，它们多久才能在我们的肠道里定居取决于我们的饮食与抗生素的使用。健康成年人 80% 的微生物群组属于四个门类：拟杆菌门（Bacteroidetes）、变形菌门（Proteobacteria）、放线菌门（Actinobacteria）及厚壁菌门（Firmicutes）。某些食物可能会导致其比例的改变。例如，高脂肪低纤维的饮食促进厚壁菌门和变形菌门的生长，而低脂肪高纤维的饮食则有利于拟杆菌门的生长。欧洲的一项研究将吃典型西方饮食的儿童的微生物群组与吃本地区富含纤维的传统食物的非洲农村儿童的微生物群组进行了比较。非洲儿童的微生物群组显示有更多拟杆菌门的存在，也有一些细菌属于普雷沃氏菌属（Prevotella）等。毫不意外，喜欢脂肪的厚壁菌门的存在微不足道。

肠道中的厚壁菌门或拟杆菌门是否丰富，可能意味着疾病与健康。在这些非洲儿童的体内，占主导的是那些能够从膳食纤维中将能量摄取最大化，并防止炎症和感染的细菌。然而，只由传统食物构成的饮食并不一定是先决条件。我们每个人的微生物群组都在以各种方式起作用，对我们的整体健康产生正面或负面的影响。虽然，它主要的作用是将难以消化的碳水化合物，例如纤维素、果胶、植物胶和抗性淀粉发酵成短链脂肪酸，但是它也有其他作用。研究表明，我们的微生物群组合成维生素 B 和维生素 K，发展并增强免疫系统，防止过敏，并预防感染、心脏病和癌症。它可以刺激体重增加也可以刺激体重减轻。它就像一个重要的生命器官，因此它的健康状态意味着相对没有疾病、活力旺盛的生命与被疾病困扰、寿命缩短的生命之间的区别。

令人高兴的是，我们可以相对轻松地从不健康的状态中抓住获得健康的机会。饮食上的一些改变就可以在一天内改变微生物群组的构成。2014 年，人类食品项目（Human Food Project）

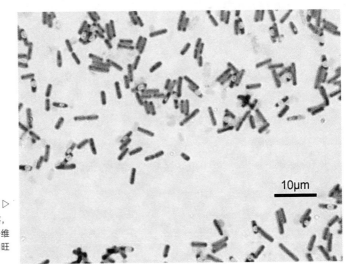

10μm

▷
这是厚壁菌门群落，一种在高脂肪低纤维饮食个体的肠道内旺盛生长的细菌。

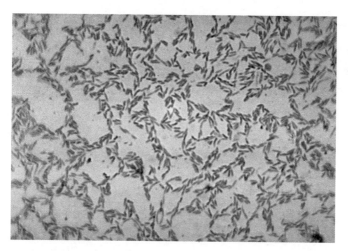

的网站管理员杰夫·利奇（Jeff Leach），开始尝试改变自己的
饮食。他记录了自己的经历，从低碳水化合物高动物蛋白的饮食，
到高动物蛋白高纤维素的饮食，最后是高碳水化合物高肉类的饮
食。他开始改变时，住在美国路易斯安那州的新奥尔良，在那里，
他设法为他原本肉类密集型的饮食中加入了大量的纤维素。这个
改变跟随他一起去到了美国得克萨斯州西部，在那里，他的肉类
消费仍像以前一样，但没有继续摄入纤维素。粪便样本显示，利
奇在得克萨斯州居住期间，从微生物角度，他看上去"就像一个
完全不同的人"。厚壁菌门在新奥尔良时曾是他肠道的主导微生
物群组。然而，到达得克萨斯州约两到三周后，拟杆菌门开始占
据优势，而且双歧杆菌的数量也在下降，这是一种大量存在于健
康肠道的细菌。利奇将后一种细菌数量的减少归因于他停止吃洋
葱、大蒜、大葱和其他富含不可溶性纤维素的食物。厚壁菌门和

双歧杆菌，仅是利奇此举的两个受害者。在得克萨斯州，他的肠道细菌的多样性减少了一半。他写道："就像生态系统入门课教会我们的，多样性较低的微生物群组对干扰的抵抗力较低，可能使人接近不健康的状态。"利奇肠道菌群多样性的降低给他带来了更大的危险。

正如埃利·梅契尼科夫一个世纪以前发现的那样，乳酸菌尤其有助于健康。德氏乳杆菌是在酸奶和奶酪中发现的一个亚种，可以减少由抗生素引起的腹泻，减轻乳糖不耐受的症状。另一种发酵乳制品中的细菌，干酪乳杆菌，会刺激免疫系统，如研究所示，可以保护膀胱癌的幸存者免受疾病复发的影响。约氏乳杆菌（*Lactobacillus johnsonii*）不仅可以减少炎症，还能改善个体对口服疫苗的反应，缩小造成胃溃疡的微生物——幽门螺杆菌（*Helicobacter pylori*）的菌落。

健康与微生物群组丰富性之间的联系，促成了数不清的益生菌产品的开发。预计到 2024 年，包括食品、饮料和营养保健品在内的全球益生菌市场可达 660 亿美元。营养保健品是指对健康的益处超过其营养价值的食品（有时也成为功能性食品）。对肠道健康感兴趣的消费者现在可以从其他食品中挑选含益生菌的格兰诺拉麦片、人造黄油、布朗尼预拌粉和橙汁产品购买。

科学家们甚至会在这一序列中增加更多食物，成人益生菌饮料上的进展尤其令人惊喜。巴西的研究人员在糖蜜中培养开菲尔——一种来自高加索与酸奶类似的发酵乳制品的菌种，然后将它用于酿啤酒的发酵麦芽中。在新加坡，研究人员用副干酪乳杆菌 L26（*Lactobacillus paracasei* L26）酿造啤酒，这是一种

首次从人体小肠内分离出的乳酸菌。副干酪乳杆菌能够中和毒素
与病毒并调节免疫系统，它以麦芽汁中的糖为食，生产出酸涩的
啤酒。研究人员通过缓慢的酿造过程和将酒精含量保持在3.5%
的低水平的方式来保存它。

◁
现代超市的通道里堆
满了各种功能性食品。
随着人们对肠道微生
物群组在人类健康中
作用的认识的提高，
符合这一认识的包装
食品的数量也随之增
加。在接下来的几十
年中，其销量预计飙
升至数十亿美元。

　　不想依靠乳制品、啤酒或其他烹饪制品获得这些有益菌的消费者，其他的选择也很丰富。益生菌补充剂自称有针对各种小病的菌株及数量可观的活性微生物，后者以菌落形成单位（CFU）衡量。无论是药丸、预拌饮料粉、甜味软糖或液体的形式，它们都承诺对消化等各种问题，提供"全天候的支持"，而且价格往往高得令人望而却步。

　　益生菌补充剂高昂的价格是消费者要考虑的一个因素，而它们是否真正起作用是另一考虑因素。只挑选出一两个益生菌菌株，我们可能会忽视这些微生物在我们体内起作用的细微差别。它们对健康的影响有些是物种特有的，有些则是由于剂量和菌株的特异性。我们分离出一两种细菌菌株，以药丸或药粉的形式销售，可能会把它们从一个广泛、复杂的交互范围中移出，而它们的功效正依赖于这个交互范围。有些健康影响取决于特定细菌菌种或菌株的摄入；而另一些，则取决于特定的剂量。一种益生菌对健康的好处也能被其他益生菌带来的说法，目前还没有足够的实验可以证实。

　　此外，还有死菌的问题，制造商无法解释其产品中存在的死菌。如果一个产品，一开始只含有几十亿个细菌，那么可能不是一个问题。然而，含有数千亿个细菌的产品可能对免疫系统受损的人有害。

　　这些顾虑可以归结为这样一个事实：即当我们购买益生菌补充剂时，我们常常不能让钱花得物有所值，以色列的一项研究证明了这一点。该研究的 19 名受试者服用了含有 11 种最常见细菌菌株的益生菌。在这 19 名受试者中，只有 8 名经历了肠道的"明

显的定殖"。进行这项研究的埃文·西格尔（Evan Segal）教授说:
"我们惊讶地发现，许多健康的志愿者有抵抗力。这些益生菌不
能在他们的肠道内定植。"由此我们可以得出结论，一刀切的方
法不起作用。相反，这需要针对个人定制补充剂方案。事实证明，
我们微生物群组的健康，取决于我们的生命机理和我们生活的世
界中独特的因素。"每个人都是独特的"，这句陈词滥调在这种
情况下被证明是对的，因此大规模生产的益生菌很少成功。

　　我们的微生物群组与这个世界间的密切关系，就是饮食胜于
补充剂的原因。也许只有在真正的食物中，我们才可能找到维持
健康所需的多样的益生菌和益生元。被梅契尼科夫首次发现的细
菌已经在酸奶中蓬勃生长，而如果我们想要保持健康，就必须去
关注这些自然发酵的食物。令人高兴的是，自梅契尼科夫时代以
来，人们的选择一直在增加。现代超市货架上大约有 3500 种发
酵食物，隶属于 250 多个类别。已经存在的种类，让人们没有
必要去寻求高度加工的功能性食品。

　　事实上，我们可以从存续下来的传统饮食中寻到很多。在世
界的许多地方，发酵制品仍然被视作人类健康和幸福的重要组成
部分，为延续生命而服务。这是因为从最基本的观念来看，发酵
食物比未发酵的食物更有营养。传统的发酵制品含有人必需的营
养成分，以保护那些食用它的人免受疾病与饥荒的痛苦。传统的
高粱啤酒可以为非洲南部的人们提供核黄素（维生素 B_2）和烟
酸（维生素 B_3），使他们远离糙皮病的摧残，否则以玉米为主
食的他们很容易患上这种病。在非洲西部，棕榈酒为饮食中几乎
没有肉的人们提供必要的维生素 B_{12}。龙舌兰酒（pulque）是一

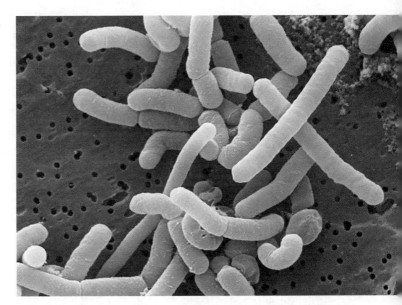

这是副干酪乳杆菌。新加坡的研究人员最近尝试为啤酒增加有益肠道的细菌。啤酒必须缓慢地酿造，实验才能成功。结果，这种啤酒不仅健康而且口感浓郁。

种流行于墨西哥部分地区的植物汁液啤酒，其中含有硫胺素（维生素 B_1）、烟酸和核黄素。

然而，提供营养只是一种益处，发酵食物的好处还体现在其他方面。细菌性病原体无法在充满有益菌的微生物群组中长期存活，因为有益菌会与致病菌争夺空间和养分。一些有益菌甚至分泌杀死病原体或诱使宿主的免疫系统增强对入侵者的防御能力。任何在旅行中遭遇过消化不良的人，都必然想过为什么当地人可以大吃大喝而没有不良反应。答案就在我们的微生物群组中。以无菌的加工食品为食的旅行者，缺少能够杀死他们在国外喝的水或吃的蜜瓜中存在的致病菌。

与有益菌的密切交流不仅能带给人们健康，还能改变人们的生活方式。发酵就是不能认为所有的事都理所当然。储存一罐泡菜或一块奶酪是对未来不确定性的一种防范，是承认很多事情是

◁
这是人们正在采收龙舌兰。几个世纪以来，这种传统发酵饮料一直在为墨西哥人民提供重要的复合维生素 B。

人类无法控制的。例如，所谓的饥荒食物或生存食物，占到了苏丹人饮食的约 60%。卡瓦（Kawal）就是这样一种食品，它是用发酵并晒干的决明子叶制作的。卡瓦富含蛋白质和其他营养成分，保存多年仍可食用。在 1983 年到 1985 年的饥荒期间，它们被证明是非常有用的。援助人员发现，只有那些制作了这些发酵食物的家庭幸存下来。将卡瓦作为可靠的防范食品，已经是一种悠久的传统。只有当人们认为家里的积蓄已经足够在食物贫乏时期购买必需品时，才会停止制作它。

适应了贫乏时期的人们，即便在庆祝活动中，也不允许浪费。印度人以一种巧妙的方式处理节日期间剩下的食物。前一天的祭品，通常是素食，会被一层一层地放入大陶罐中，每一层加盐后再铺入下一层。他们会让一层层的食物发酵，直到节日结束，用油、干辣椒、芥菜叶和咖喱叶给发酵制品调味。这些发酵的、辛辣的东西，会在煮熟后被趁热食用。

拉丁美洲的人们也对食物浪费表现出类似的担忧。菠萝加工后留下的外皮，是醋的主要原料。人们将外皮放入装满水、糖和酵母的容器中。它们在其中发酵直到混合物变得足够酸，这一过程通常需要八天左右。在印度尼西亚，花生和椰子压榨饼（榨油后的残留物）被做成椰子肉丹贝（tempe bongkrek）。该过程是用丝状米根霉真菌接种压榨饼，并让它在香蕉叶中进行培养。据说，当它被切片油炸后，相当美味。然而，享用椰子肉丹贝是有风险的：如果它被唐菖蒲伯克霍尔德氏菌（*Burkholderia gladioli*）感染，那么食用后就可能造成疾病和死亡。而足智多谋的苏丹人民通过制作一种菜肴，回收了部分原本会被浪费的食

△
这是出售椰子肉丹贝的小贩。作为在印度尼西亚长期食用的食物，它并非没有危险。如果唐菖蒲伯克霍尔德氏菌在它发酵期间开始大量繁殖，那么食用了它的人可能会生命垂危。

物。他们将动物的骨头粉碎，将骨头的碎片放入水中并在大桶中发酵。三天后，取出骨头碎片，碾碎成糊并与高粱秸秆焚烧后的灰混合，然后再放回桶中进行三四天的发酵。做好的食物会被揉成球状以便存储或直接食用。另外一道苏丹菜，是用被杀死的猎物的脊骨制作的。人们将脊骨捣成酱，发酵并揉成球以便再次发酵，它是一种重要的蛋白质和营养成分来源。

　　椰子肉丹贝与其他类似的食物具有共同的根深蒂固的特质，那就是扎根于生产它们的文化之中。它们的发明不是出于利益，只是出于保存的意愿。这种关系是相互维系的，因此是可持续的，无论在食物匮乏还是充裕时期。另一方面，在工业化程度更高的地区，食物的制作方法则源于市场导向型思维，这种思维中，短期利益胜过所有。它们让我们在今天和明天能尽情享受，但是后

▷
这是在美国的农夫市集出售的手工泡菜。当代的健康意识使人们重燃对传统方式制作的食品的兴趣。手工泡菜、腌肉、精酿啤酒和其他食品一起进入了名副其实的发酵复兴时代。

天呢？

我们当中很少有人能完全依靠自制发酵制品生存，但在时间和环境允许的条件下，我们应该采用传统的方法制作并贮存食物。根据悠久的传统制作发酵制品将我们置于一种虽然短暂，但不一样的关系之中，这不仅仅与营养与健康有关，还与这个世界和生活在其中的人有关。在制作它们的过程中，我们能够深入了解一种生活方式，而它的价值不能买卖。发酵食物让我们想起一个永恒的真理：哪里有多元性、平衡和合作，哪里才可能有繁荣。

致谢

感谢布朗大学洛克菲勒图书馆的图书管理员和工作人员，我借阅的书通常是在偏僻角落存放的晦涩的书，感谢他们的机智与耐心，一直以来都尽力满足我的借阅请求。感谢我在布朗大学的同事们——丽贝卡（Rebecca）、约翰（John）、内奥米（Naomi）、特雷（Trae）、克里斯（Kris）、简（Jane）、利兹（Liz）和其他每一个人，他们在我写作本书时一直鼓励、支持着我。

感谢卡丽·洛斯内克（Carrie Losneck）、克里斯·赖特（Chris Wright）与扎克·巴洛维茨（Zack Barowitz）提供的支持，我们一起在皮克斯岛度过了许多愉快的周末。我尤其要感谢扎克，他敏锐地观察到中产阶级工作岗位的减少，推动了手工食品运动的发展。

感谢欧文·蒙哥马利（Erwin Montgomery）所做的编辑及其他无数的单调工作。因为他的经验、学识、才能与智慧，这本书才得以出版。当然，我也要感谢瑞科（Reaktion）的工作人员。

我还要感谢那些为本书提供资料的学者们。感谢哈维·利文斯坦（Harvey Levenstein）在美国食品加工业和卫生运动的兴起方面作出的杰出学术成就；感谢琳达·奇维泰洛对泡打粉的成功及它如何改变了我们的烘焙方式的深入研究；感谢约翰·马钱特（John S. Marchant）、布赖恩·鲁本（Bryan G. Reuben）与琼·阿尔科克（Joan P. Alcock）对面包历史迷人而丰富的描述；感谢伊恩·霍恩西（Ian S. Hornsey）与理查德·昂格尔（Richard Unger）所作的在啤酒及其酿造的历史方面引人入胜的著作；还有尼古拉斯·莫尼（Nicholas P. Money）写的许多有启发性又令人愉悦的真菌方面的书籍；以及许多其他在书中列出的学者们。最后，我要感谢桑多尔·卡茨所写的关于发酵的绝妙著作。它们既激发了我的灵感，又慰藉了我的心灵。

图片版权声明

The author and publishers wish to express their thanks to the below sources of illustrative material and/or permission to reproduce it:

Åbo Akademi: p. 56; Anonymous: p. 62; aperfectworld: p. 52; ayustety: p. 130; BabelStone: p. 22; Jean-Paul Barbier: p. 136; Biblioteca del Congreso Nacional: p. 19; Biodiversity Heritage Library: p. 132; Boston Public Library: pp. 91, 120; Bullenwächter: p. 183; Center for Disease Control: p. 176; Chidinma0025: p. 133; Captain Budd Christman, NOAA Corps: p. 172; Krish Dulal: p. 129; eheugenvannederland.nl: p. 13; FORTEPAN/Semmelweis Egyetem Levéltára: p. 125; Hajor: p. 24; Paul Hesse: p. 64; Paul de Kruif: p. 60; Library of Congress, Washington, DC: p. 177; Maulucioni y Doridí: p. 15; David E. Mead: p. 192; Miami University Libraries: p. 139; The National Archives, UK: p. 122; Dr Horst Neve, Max Rubner-Institut: p. 187; Otávio Nogueira: p. 166; Oregon State University: p. 181; Paxse: p. 174; Post of Kazakhstan: p. 143; Prado Museum: p. 170; Provincial Archives of Alberta: p. 8; Michael Rhode: p. 94; Science History Institute: p. 17; SMU Central University Libraries: p. 189; Y tambe: p. 182; Thesupermat: p. 98; Sonali Thimmiah: p. 106; United States Department of Agriculture: pp. 63, 96, 107; Paul VanDerWerf: p. 193; Digital Collection of the State Library of Victoria: p. 82; Wellcome Collection: pp. 36, 44; John Yesberg: p. 100; Zeyus Media: p. 185.